纺织服装类"十四五"部委级规划教材

U0151403

女装结构设计 与立体造型

FASHION MODELLING FOR WOMEN's WEAR

张军雄　石淑芹◎编著

东华大学出版社·上海

纺织服装类"十四五"部委级规划教材

图书在版编目(CIP)数据

女装结构设计与立体造型/张军雄,石淑芹编著.—上海:东华大学出版社,
2024.7

ISBN 978 - 7 - 5669 - 2372 - 1

Ⅰ.①女… Ⅱ.①张…②石… Ⅲ.①女服—服装设计
Ⅳ.①TS941.717

中国国家版本馆 CIP 数据核字(2024)第 102080 号

责任编辑/ 谢 未

封面设计/ lvy 哈哈

女装结构设计与立体造型

Nüzhuang Jiegou Sheji Yu Liti Zaoxing

编著/ 张军雄 石淑芹

出版/东华大学出版社

(上海市延安西路 1882 号 邮政编码:200051)

出版社网址/dhupress.dhu.edu.cn

出版社邮箱/dhupress@dhu.edu.cn

印刷/ 苏州工业园区美柯乐制版印务有限责任公司

开本/ 889mm×1194mm 1/16

印张/ 19.5

字数/ 470 千字

版次/ 2024 年 7 月第 1 版

印次/ 2024 年 7 月第 1 次印刷

书号/ ISBN 978 - 7 - 5669 - 2372 - 1

定价/ 59.00 元

前　言

服装是包装人体的立体造型产品。

平面裁剪和立体裁剪是目前服装结构设计的两大主要方法。

平面裁剪简便快捷，立体裁剪直观易懂。

平面裁剪和立体裁剪相结合学习服装结构设计是一个较好的途径。

本教材利用服装原型，继承平面裁剪简单易学的优点，克服立体化可视性差的缺点，从款式图到坯布样衣，用立体化可见性的图形展示立体化的服装形象，是平面裁剪的立体化。

平面裁剪是利用人体工学知识，在立体服装转化平面纸样展开图的经验基础上，绘制平面纸样的过程，与立体裁剪相比，直观性、可视性较差，但对于大部分成衣而言，通过原型进行纸样设计，方便快捷、简单易学，是服装行业普遍采用的服装制版方法之一。作者总结多年企业实践和教学经验，研发了用平面裁剪进行立体化展示女装结构设计新方法。

"立体的思维，立体的视觉展示，平面的裁剪"是本教材编写的宗旨，从人体与服装的关系出发，突破平面裁剪与立体裁剪的界线，本教材无论是款式图还是服装造型效果，从三维空间去看服装，以服装企业版房工作流程为主线，将女装经典款式从款式分析、新原型应用、结构制图、纸样制作到立体造型试衣全过程实例展现。本教材以案例图片演示为主，轻理论、重实践，每个案例都能看到真人或人台着装效果，都配有清晰图片，适合现代教学改革的潮流，不同的领型、袖型、风格都穿插在教学案例中，便于学生从立体的角度去学习女装结构，着重分析能力的培养，以提高学习效果。

新的教学和学习模式是提高教学效果的有益途径，在探索和学习中难免有不少值得商榷之处，望同行、专家赐教斧正。

编者

2023 年秋于广州

目　录

第一章　准备工作

服装的纸样设计方法,通常包括平面制图、立体裁剪、平面与立体裁剪相结合、计算机软件绘制等方法。无论何种方法得到的服装平面纸样,缝合后都应符合款式设计立体着装的要求,符合人体静态造型和动态活动的要求。

纸样是服装立体造型设计的平面展开图,要学习服装纸样,就要掌握人体、服装与服装造型相关的因素,包括:人体数据、人体的体型特征、服装立体与平面纸样的转换关系、人体活动规律,以及服装面料与工艺知识。

第一节　人体与测量

基于服装与人体的关系,对于成衣工业而言,掌握人体平均值和分布状况非常重要。与服装纸样设计相关的人体测量和数据分析,是建立在科学的测量方法和数据统计的基础上的。

一、人体测量部位的基准点和基准线

人体的外表结构复杂,为了测量,需要在人体的体表确定一些点和线作为基准。

测量点和基准线是设计服装结构线的基准(图1-1)。

二、测量

在实际量体裁衣的工作中,掌握人体静态数据的基础上,对个体进行数据采集非常必要。用简便方法量体是一项重要的工作,测量工具通常为皮尺,掌握测量的要点对于测量数据的准确性非常重要。

(一)测量要点

(1)被测者着内衣或贴身单衣,挺胸直立,平视前方,肩部放松,上肢自然下垂,腰围不明显部位可系带确定位置。

(2)测量者站在被测者的左前方,避免正对四目相撞。

(3)测量长度方向,保持与地面垂直。

(4)测量围度方向,宜保持水平状态,自然呼吸,留一个手指头松量。

(5)注意观察被测者体型特征。

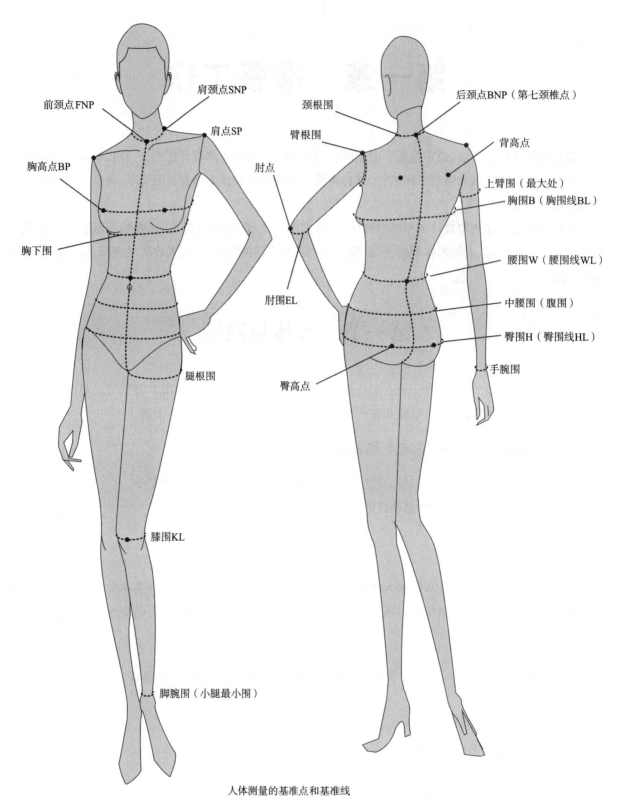

人体测量的基准点和基准线

图 1－1

（二）测量方法

1. 围度的测量

（1）胸围：皮尺经过胸点（腋下最丰满处）水平测量一周。注意：不束紧（图1-2）。

（2）腰围：在腰部最细部位水平测量一周（图1-3）。

（3）腹围（中腰围）：在腰围线以下约9cm处水平测量一周（图1-4）。

（4）臀围：在臀部最凸出点（最丰满处）水平测量一周（图1-5）。

（5）颈根围：经前颈点、肩颈点、第七颈椎点测量一周（图1-6）。

（6）臂根围：经过肩端点、前后腋点，环绕手臂根部测量一周（图1-7）。

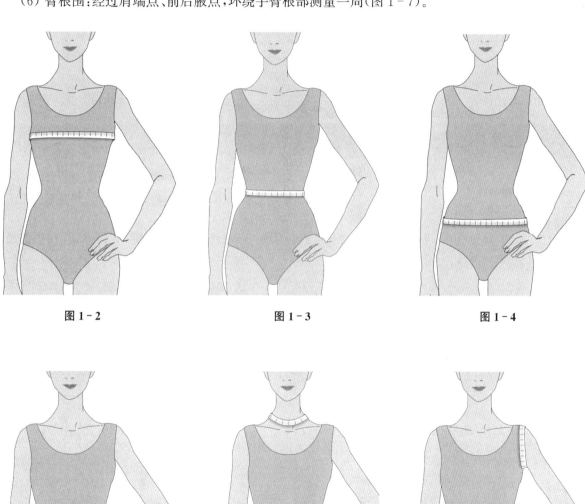

图1-2　　　　　　　　　　　　图1-3　　　　　　　　　　　　图1-4

图1-5　　　　　　　　　　　　图1-6　　　　　　　　　　　　图1-7

（7）颈围：在颈部最细的部位测量一周（图1-8）。

（8）头围：在头部最粗的部位水平测量一周（图1-9）。

（9）上臂围：在上臂最粗的位置水平测量一周（图1-10）。

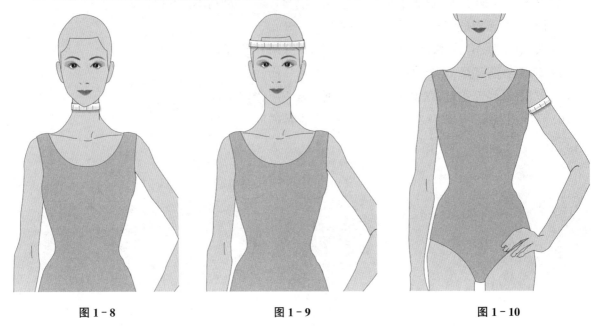

图1-8　　　　　　　　　　图1-9　　　　　　　　　　图1-10

（10）肘围：经过肘点，环绕测量一周；腕围：经过手腕，环绕测量一周；掌围：五指并拢，在手部最粗处测量一周（图1-11）。

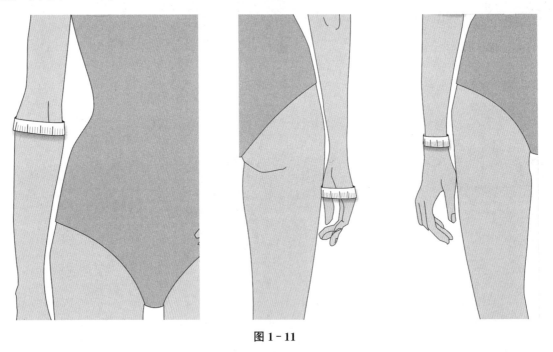

图1-11

2. 高度的测量

（1）背长：从第七颈椎点至腰围线的长度（图1-12）。

（2）胸高：从胸高点至胸点的距离（图1-13）。

（3）前腰节长：将皮尺自肩颈点经胸高点量至腰围线的长度，经乳房下部时可轻按皮尺使之贴合身体（图1-14）。

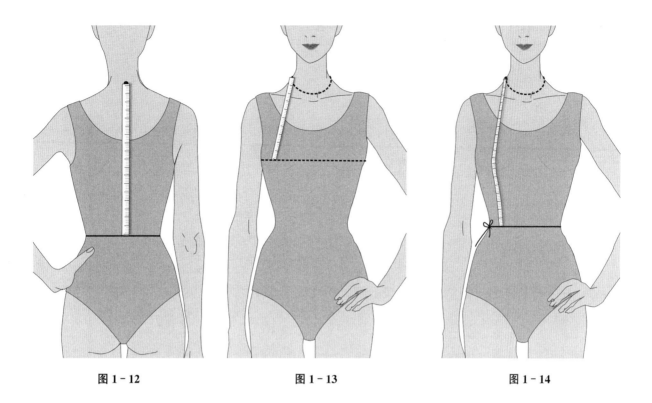

图 1 - 12　　　　　　　　　图 1 - 13　　　　　　　　　图 1 - 14

（4）后腰节长：自肩颈点经肩胛骨至腰围线的长度（图 1 - 15）。

（5）臂长：手略弯 30°，自肩点经肘点至手腕的长度（图 1 - 16）。

（6）第七颈椎点高：从第七颈椎点垂直放下皮尺，并在腰围线处轻压，一直量至脚跟的高度（图 1 - 17）。

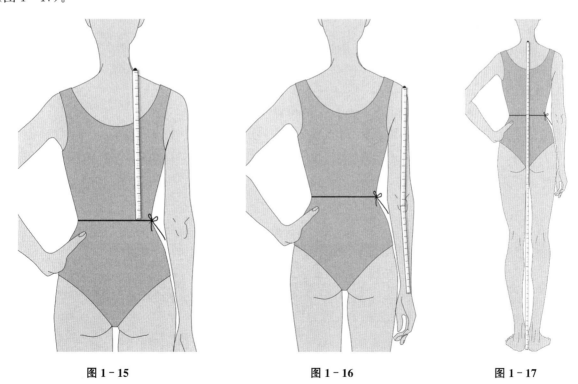

图 1 - 15　　　　　　　　　图 1 - 16　　　　　　　　　图 1 - 17

(7) 腰长(腰围线至臀围线)、腰高(裤长)：自侧面腰围线至脚的外踝点的长度(图1-18)。

(8) 立裆的长度：将臀沟略往上推，从大腿根部量至足踝的长度为股下，腰围高(裤长)减去股下为立裆的长度，也可以让被测者坐在椅子上，从侧边腰围线量至椅面的高度(图1-19)。

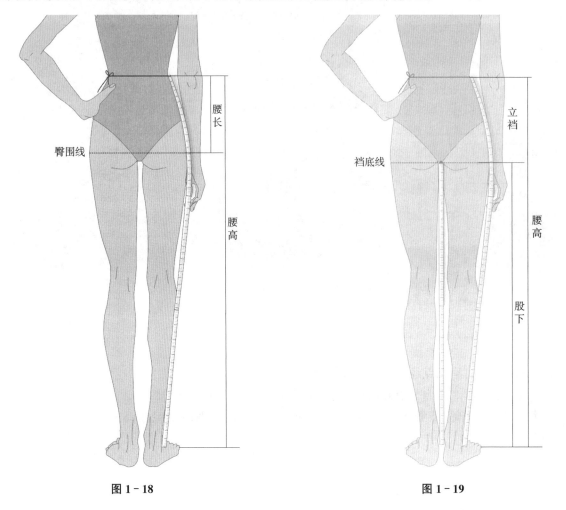

图1-18　　　　　　　　　　　　　　　　　　图1-19

3. 宽度的测量

(1) 肩宽：从左肩点经第七颈椎点下1.5cm的位置量至右肩点(图1-20)。

(2) 背宽：量背部左右两侧后腋点(手臂与后身的交界点)间的尺寸(图1-21)。

(3) 胸宽：量额前部左右两侧前腋点(手臂与前身的交界点)间的尺寸(图1-22)。

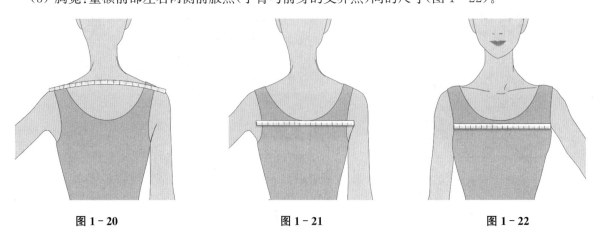

图1-20　　　　　　　　　　图1-21　　　　　　　　　　图1-22

三、工业纸样人体数据

本教材直接引用中国女装市场上应用较普遍的人体数据为主要参考。图 1-23 为我国成年女子中间体 160/84A 的主要部位数据，"±"后的数据为 5.4 系列档差数据，可作为成品尺寸的档差。

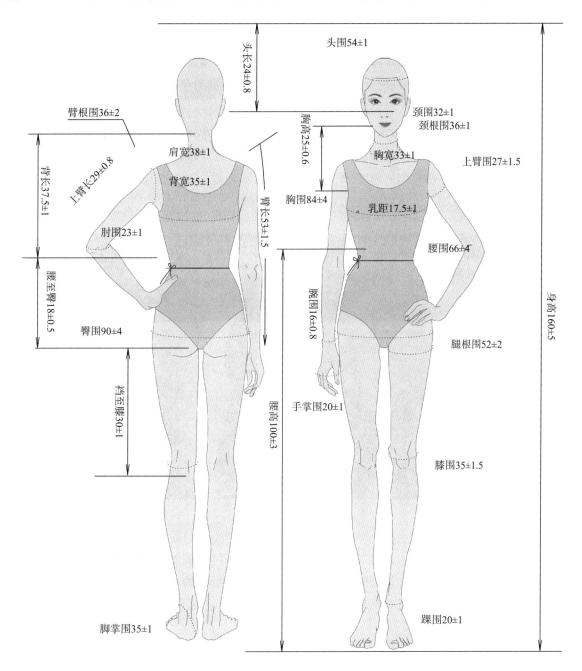

160/84A成年女子人体静态数据（5.4系列档差）

图 1-23

第二节　人体与服装

一、人体体型特征

在服装纸样绘制时,除了掌握人体的静态数据以外,还必须掌握人体的形态因素。人体的形态因素主要由骨骼、肌肉和皮下脂肪等形成。形态数据的获得比静态数据的获得复杂,但随着测量技术的发展和人体工学研究的深入,有了较大的发展。

本教材对人体体型单方面不做阐述,只在纸样设计时,将人体形态因素应用在服装纸样中,通过对各类服装原型在人体体型上的体现做描述性展示以及应用性研究。原型是建立在人体体型特征基础上的最基本的纸样,人体体型参数如肩斜度、颈斜度、胸凸度、胸腰差分布等都反映在服装原型中,如六省原型与人体体型、四省原型与人体体型(图1-24)。

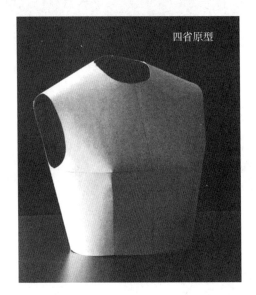
四省原型

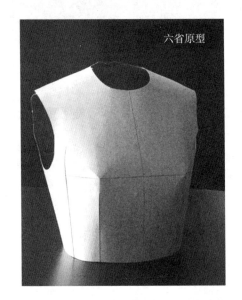
六省原型

图1-24

人体体型多种多样,变化较大,有标准体和特殊体型(如肥胖体、驼背体、挺胸体、凸肚体等)。本教材以工业纸型为研究对象,对特殊体型暂不作研究,对涉及工业纸样的规格系列,参考《国家号型标准》中的规定,依据人体的胸腰落差或臀腰落差,分为A、Y、B、C四种。A代表标准体,Y代表偏瘦体,B代表偏胖体,C代表较胖体。

上装中各种体型组别女性胸腰差数据如表1-1所示。

表1-1　女性胸腰差体型数据　　　　　　　　　　　　　　　　　单位:cm

体型组别	Y	A	B	C
胸腰差	19～24	14～18	9～13	4～8

下装中各种体型组别女性臀腰差数据如表1-2所示。

表 1-2　女性臀腰差体型数据　　　　　　　　　　　　　　　　单位:cm

体型组别	Y	A	B	C
臀腰差	4.5~6.8	4~6	3.5~5.2	3~4.5

对应人体数据和体型代号,我国服装规格的表示方式为号型制。

二、立体服装与平面纸样的转换关系

在掌握人体静态数据和人体形态因素掌握之后,针对一定的款式设计,将立体服装进行平面纸样展开,利用立体几何与平面几何之间的图形学转换关系,就可得到初步的平面纸样。

1. 斜切圆柱体立体结构与表面展开图(类似于衣袖结构)(图 1-25)

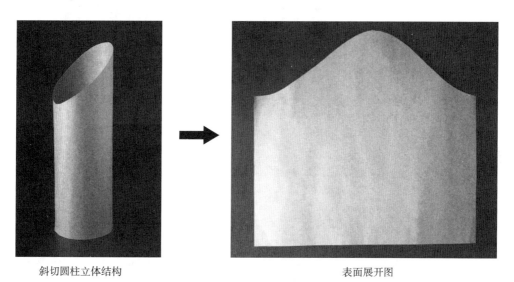

斜切圆柱立体结构　　　　　　　　　　　　　表面展开图

图 1-25

2. 圆锥体立体结构与体表展开图(类似胸圆结构)(图 1-26)

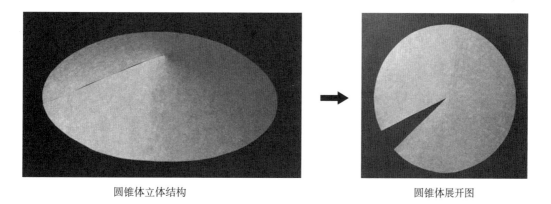

圆锥体立体结构　　　　　　　　　　　　　圆锥体展开图

图 1-26

3. 直身裙装立体构成与平面展开示意图(图 1 - 27)

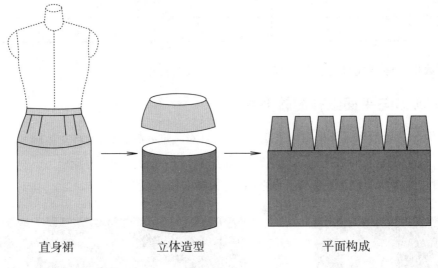

直身裙   立体造型   平面构成

图 1 - 27

4. 喇叭裙立体构成与平面展开示意图(图 1 - 28)

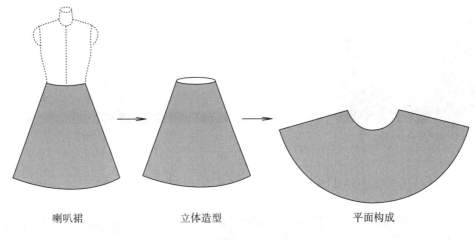

喇叭裙   立体造型   平面构成

图 1 - 28

5. 立领立体构成与平面展开示意图(图 1 - 29)

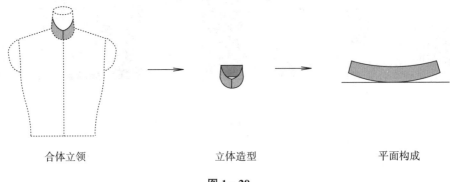

合体立领   立体造型   平面构成

图 1 - 29

  服装原型就是将符合人体基本特征的立体构成服装(图 1 - 30)转化为平面纸样结构的研究方法(图 1 - 31),以此原型基本纸样演化服装款式。

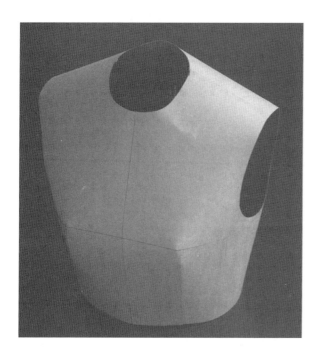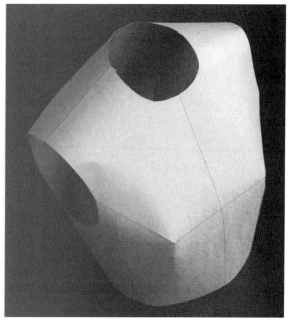

图 1 - 30　原型立体造型

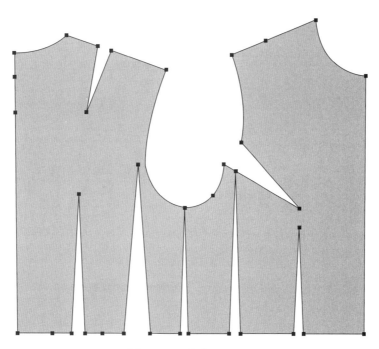

图 1 - 31　原型平面展开

三、人体的活动规律性

在掌握人体静态数据和人体形态因素之后,针对人体的活动规律即人体动态数据,设定活动松量和活动需要的造型量。

服装结构中宽松量和运动量的设计,主要依据人体正常运动状态的尺度。正确了解人体运动的尺度是服装使用功能与审美功能完美结合的需要(图 1 - 32)。

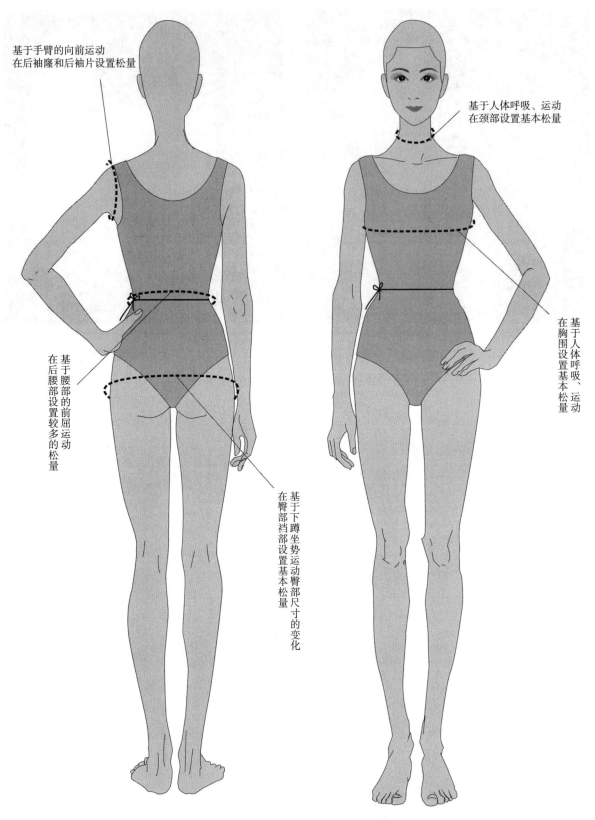

基于手臂的向前运动
在后袖窿和后袖片设置松量

基于腰部的前屈运动
在后腰部设置较多的松量

基于下蹲坐势运动臀部尺寸的变化
在臀部裆部设置基本松量

基于人体呼吸、运动
在颈部设置基本松量

基于人体呼吸、运动
在胸围设置基本松量

图 1-32　基于活动规律的松量设置

四、服装面料

使用不同的材料,服装构成时归拔量、放松量和衣服立体造型感也不同(图 1 - 33)。

(1)梭织面料:经纬组织结构稳定性好,经纱方向最稳定,纬向弹力梭织面料适合做合体性高的服装。梭织服装结构复杂,可用省道或多分割结构构成。

(2)针织面料:线圈组织,尺寸稳定性差,弹性好,针织服装结构设计简单,一般不设置省道,分割较少。

(3)非织造材料:皮革、毛皮、复合材料等,因材料特性不同,服装结构会不同。

梭织服装　　　　　　　　　针织服装　　　　　　　　皮毛服装

图 1 - 33

五、缝制工艺

根据不同的缝制方法,纸样的设计也会有所不同。

(1)单件制作服装可以用归拔、缩缝等方法来获得某些部位的曲面效果,而工业化批量生产则多通过分割和省道来处理。

(2)缝制方法、缝型的不同,在纸样的放缝、标记等方面会有不同。

第三节　工具和材料

一、纸样设计工具和材料

表 1 - 3　纸样设计工具和材料

序号	名称	图例	用途
1	放码尺		服装制版最通用工具,常用长 45.7cm (18 英寸),宽 5.08cm(2 英寸),可用来制版、放码,绘制直线、曲线和测量直线、弧线长度等

续表

序号	名称	图例	用途
2	大刀曲线尺		主要用来绘制裙、裤侧缝和上衣下摆
3	6字曲线尺		主要用来绘制袖窿、袖山、领窝等部位弧形造型
4	皮尺		量体,测量弧形部位尺寸
5	剪布剪刀		剪纸剪刀和剪布剪刀要分开
6	制版纸		最好用 40g/m^2 或 50g/m^2 企业用的唛架纸,这种纸张便宜,透明度高,可用于画结构图和拷贝纸样
7	铅笔		自动铅笔硬度为B或2B,粗细为0.5cm或0.7cm。刀削铅笔可用硬度 HB 或 B
8	滚轮		纸样制作时滚动用来拷贝相关线条到下一层纸张上
9	打孔器		在纸样上打孔
10	剪口钳		在纸样上打剪口

续表

序号	名称	图例	用途
11	橡皮擦		修改、擦拭用
12	透明胶		纸样相关部位的粘合、连接

二、立体造型工具和材料

表1－4　立体造型工具和材料

序号	名称	图例	用途
1	裤子人台		裤子的试穿与修正,能左右腿拆分的模型便于分析裤装的裆部结构
2	半身人台		上衣、裙装的试穿与修正
3	1/2教学人台		学生学习阶段使用,省时、省料、立体效果方便直观

续表

序号	名称	图例	用途
4	纯棉坯布		平纹,纯棉,厚薄与试制面料相当,学生学习阶段也可用较便宜的代用布
5	画粉		画裁剪相关线条、记号,一般不建议用画粉
6	压铁		裁剪时用于压布固定
7	手缝针		假缝用和相关手工部位用
8	标记带		人台或样衣相关部位标记用
9	锥子		用来打孔、定位等
10	大头针		用于假缝、别纸样和样布,最好选择无珠头、不锈钢、较细的大头针
11	缝纫机		缝制样衣用

序号	名称	图例	用途
12	烫斗		整烫、归拔造型用

第四节　图　例

一、制图符号

表1-5　制图符号

序号	名称	符号	说明
1	轮廓线	————————————	粗实线
2	辅助线	————————————	细实线
3	对称线	—·—·—·—·—·—·—·—	点画线
4	内里结构	··	有时也表示辅助线
5	等分线		有时加上尺寸相等的符号或用虚线表示
6	布纹线		一般画通裁片,小裁片时画出裁片
7	尺寸标注		有时没有箭头符号
8	拔开		不是所有拔开处都作标注
9	缩缝		不是所有缩缝处都作标注
10	归拢		不是所有归拢处都作标注
11	抽褶		不是所有抽褶处都作标注

序号	名称	符号	说明
12	直角		不是所有直角处都作标注
13	纸样	160/66A 腰头×1	灰底,白色部分为纸样
14	剪口		有的纸样未标注
15	纸样合并		省道合并或纸样合并
16	褶裥	4　4	斜线方向表示褶裥方向

二、制图和规格设计中的英文代号

表 1-6　英文代号

序号	字母	英文来源	含义
1	G	"高"拼音(gāo)的首字母	身高
2	B	Bust	胸围
3	W	Waist	腰围
4	H	Hip	臀围
5	BL	Bust Line	胸围线
6	HL	Hip Line	臀围线
7	EL	Elbow Line	袖肘线
8	KL	Knee Line	膝围线
9	BP	Bust Point	胸点
10	N	Neck	领围
11	S	Shoulder Width	肩宽
12	CW	Cuff Wide	袖口
13	SL	Sleeve Length	袖长
14	SB	Slacks Bottom	脚口
15	AH	Arm Hole	袖窿

续表

序号	字母	英文来源	含义
16	BR	Back Rise	裆深
17	AT	Arm Top	袖山
18	BC	Biceps Circumference	袖肥
19	SL	Sleeve Length	袖长
20	TL	Trousers Length	裤长
21	L	Length	衣长

第二章　平面纸样设计流程

合理的平面纸样制作流程,对追求服装版型的精准性非常重要(图2-1)。

分析款式图或样衣 → 规格设计 → 绘制结构底稿 → 生成纸样(含转省、剪切、放缝、对位等) → 坯样裁剪与假缝 → 试穿(立体造型) → 纸样评价与修正 → 正式纸样

图2-1

第一节　分析款式、绘制款式图

一、分析款式

在开始进行纸样设计之前,要进行款式分析,纸样设计的依据一般分为依设计图纸或根据已有样衣进行分析(图2-2),款式分析包含廓形、长度和围度尺寸、结构分割、工艺细节、面料辅料等。

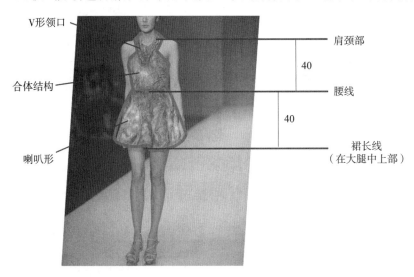

V形领口　　　　　　　　　　　　　　肩颈部

合体结构　　　　　　　　　40　　腰线

　　　　　　　　　　40　　裙长线
喇叭形　　　　　　　　　　　　　(在大腿中上部)

图2-2　分析款式

二、绘制款式图

纸样设计师是设计师与工艺制作师的桥梁,分析款式的表达方式用平面款式图会更直观,便于交流。款式图又称为工程技术图,它具有设计、纸样、工艺的三重性,纸样设计师能正确绘制平面款式图,就是对服装分析的具体体现。一个合格的纸样设计师,应该具备绘制平面款式图的能力。

画服装款式图时接近现实人体,正常人身高一般为7.5个头高,服装画人体9~12个头高。

女性人体服装基本款式的几何概括如下:

服装款式图要反映服装的款式造型特征、结构分割、工艺细节等(图2-3、图2-4),因而在服装生产中广泛应用。一般来说,服装款式图包含正背面款式图、局部细节分析图;在工业制单中,还需有必要的文字说明,包含面辅料、色彩、结构、工艺细节等(图 2-5、图 2-6)。

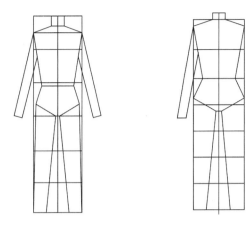

图 2-3

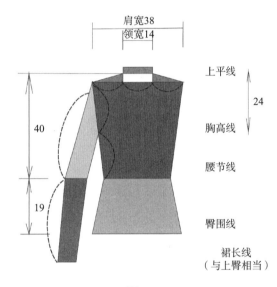

图 2-4

图 2-5

图 2 - 6 的款式说明：

廓形：较合体短衬衫

工艺细节

抽褶超短袖

依图判断
衣长约56

腰线

下摆，呈燕尾形

抽褶工艺

图 2 - 6

从立体化角度出发，从正面、侧面、背面绘制三视图，能更好地表达服装款式（图 2 - 7）。

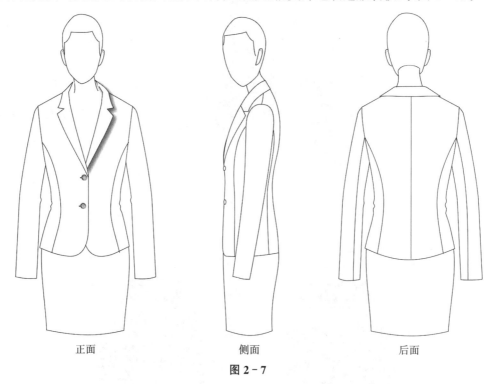

正面　　　　　　　　　侧面　　　　　　　　　后面

图 2 - 7

第二节　规格设计

一、规格设计的依据

不论是平面裁剪还是立体裁剪，首先都要在掌握人体数据的基础上加放一定的松量和造型量，才能达到服装造型的要求。量体裁衣,就是这个道理。

在平面制版中,对人体的数据进行归纳处理很重要;在工业纸样设计中,可应用服装号型标准进行规格设计。

身高、胸围、腰围是人体体型的基本数据,用这些数据来推算人体其他部位的数据,误差最小。"号"代表身高,是设计服装长度的依据,如衣长、袖长、裤长等。"型"代表胸围或腰围,是设计服装围度的依据,可用下面的一元一次函数表示:

$$服装部位长度尺寸＝a×号＋b$$
$$服装围度部位尺寸＝c×型＋d$$

其中,a、b、c、d 为相关系数。

上装中,以身高和胸围加上体型代号作为上装的规格表达方式,如 160/84A 表示身高 160cm,净胸围 84cm,体型为 A 标准体。下装中,以身高和腰围加上体型代号作为下装的规格表达方式,如 160/66A 表示身高 160cm,净腰围 66cm,体型为 A 标准体。

在工业纸样设计中,掌握平均体即中间体的数据很重要,其他规格按人体数据的变化规律进行放大缩小(推档)。

我国成年女子的中间体为 160/84A。

服装成品的规格设计在人体净尺寸的基础上加放松量构成,松量与服装款式、人体基本活动量、款式立体造型需要的量以及服装材料因素有关(图 2-8、图 2-9)。

(1)服装款式。如紧身型连衣裙,胸围松量在 4cm 左右,合体性西服、衬衫胸围松量在 8cm 左右,宽松型运动装胸围松量可达 30cm。

(2)人体基本活动量。

(3)款式立体造型需要的量。

(4)服装材料。

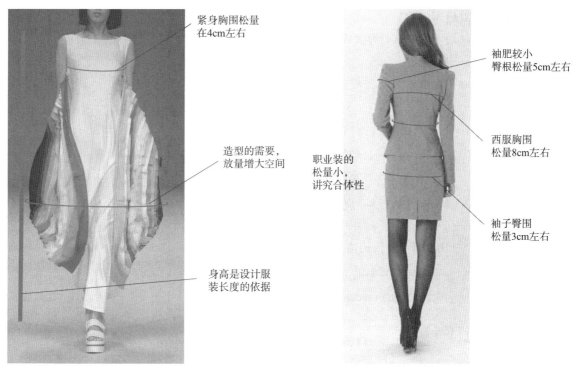

紧身胸围松量在4cm左右

造型的需要,放量增大空间

身高是设计服装长度的依据

袖肥较小
臀根松量5cm左右

西服胸围
松量8cm左右

职业装的松量小,讲究合体性

袖子臀围
松量3cm左右

图 2-8

针织面料紧身，
松量可小到负数

喇叭袖造型，
空间增大

合体女衬衫
胸围松量6~8cm

紧身牛仔裤
无弹面料臀围松量2cm左右，
弹力面料臀围松量可为负数

身高是设计裤长的依据

图 2－9

二、规格设计的参考公式

成衣规格的设计与身高(号)G、胸围 B、臀围 H、腰围 W、领围 N 等的函数关系通常表达如下。各细部规格的函数关系也是服装放码的依据。

1. 上衣类(单位:cm)

$$衣长 = \begin{cases} 0.3G \pm a(超短上衣) \\ 0.4G + a(短上衣) \quad (a 为款式常数,具体按实际规格确定) \\ 0.5G + a(中长上衣) \\ 0.6G + a(长上衣) \end{cases}$$

背长 = 0.25G － 2.5 ＋ a(a 介于 －1～2,针织、贴身接近 －1～0,春秋外套、冬服接近 0～1)

$$袖窿深\, BLL = (0.2B + 3) + \begin{cases} 2～3(贴体、较贴体衣袖) \\ 3～4(较宽松衣袖) \\ 3～4(宽松衣袖) \end{cases}$$

$$袖长\, SL = 0.3G + \begin{cases} 7～8(偏短长袖、夏装较多) \\ 8～9(正常长袖) \\ 10 以上(偏长长袖、大衣、风衣等冬装较多) \end{cases}$$

$$胸围\, B = (B^* + 内衣厚度) + \begin{cases} -4～0(弹性紧身类) \\ 0～4(非弹性紧身类) \\ 4～8(贴体风格) \\ 8～14(较贴体风格) \\ 14～20(较宽松风格) \\ 20 以上(宽松风格) \end{cases}$$

腰围 W＝成品胸围 B－$\begin{cases} 0\sim6(\text{宽腰型}) \\ 6\sim12(\text{稍收腰型}) \\ 12\sim18(\text{卡腰型}) \\ 18\text{以上}(\text{极卡腰型}) \end{cases}$

臀围 H＝$\begin{cases} B-2\text{以上}(\text{T形}) \\ B+0\sim2(\text{H形}) \\ B+3\text{以上}(\text{A形}) \end{cases}$

领围：以人体基本领窝为原型领，在此基础上依领型风格进行规格设计。

领围：$\begin{cases} \text{基础横开领上}+0\sim0.5(\text{合体型立领、衬衫领等关门领}) \\ \text{基础横开领上}+1\sim2(\text{翻领、翻驳领}) \\ \text{基础横开领上}+2\text{以上}(\text{松脖型领型}) \end{cases}$

肩宽 S＝0.25B＋$\begin{cases} 15\text{左右}(\text{较贴体}) \\ \text{小于}15(\text{A形肩}) \\ \text{大于}15(\text{宽型肩或落肩}) \end{cases}$

袖口 CW＝0.1(B*＋内衣厚度)＋$\begin{cases} 0\sim2(\text{紧袖口}) \\ 2\sim4(\text{较贴体袖口}) \\ 4\sim6(\text{较宽松袖口}) \\ 6\text{以上}(\text{宽松袖口}) \end{cases}$

2. 下装类(单位:cm)

裤、裙长＝$\begin{cases} 0.2G\pm a(\text{超短裙、裤}) \\ 0.3G-a(\text{短裙、裤}) \\ 0.4\pm a(\text{中裙、裤}) \\ 0.5\pm a(\text{中长裙、裤}) \\ 0.6G+1\sim2(\text{长裤、裙}) \end{cases}$ （a 为款式常数，具体按实际规格确定）

臀至腰围＝0.1G＋2

臀至人体裆底＝G/20(裤裆在人体裆位依款式设计下落一定的量)

腰围 W＝W*＋$\begin{cases} 0\sim2(\text{中腰类}) \\ 2\sim12(\text{低腰类腰围增大量依低腰下落量实际确定}) \end{cases}$

臀围 H＝H*＋$\begin{cases} -4\sim0(\text{弹性紧身类}) \\ 0\sim4(\text{非弹性紧身类}) \\ 4\sim10(\text{较贴体类}) \\ 10\sim16(\text{较宽松类}) \\ 16\text{以上}(\text{宽松类}) \end{cases}$

脚口 SB＝0.2H±a

第三节 结构设计与纸样制作

一、绘制结构底稿

绘制服装结构图的方法很多，有原型法、基型法、比例法、母型法、D式法等，流派很多，对于初学者，更是莫衷一是。其实不必纠结于方法的不同,目的都是得到三维的符合款式设计和人体结构的造型。对于平面服装构成,纸样的精确性、合理性,一定要通过服装的假缝、立体试衣、修正的方法才能实现,以臻完美。

目前,日本文化式原型对我国服装教育和企业生产的影响比较深远,文化式原型法是日本文化服装学院几十年积累,不断完善修订、深入的服装结构研究成果。文化式原型是建立在大量的人体测量、立体试衣、不断调整的基础上进行归纳总结的。原型裁剪是在某种原型的基础上进行加减变化绘制纸样的过程,但在我国实际操作中,行业内较少直接用原型法,但是对于文化式原型的准确、精细、科学性都持肯定的态度,在服装结构制图中应用日本文化式原型。

依据服装的平面构成原理绘制服装结构底稿。

原型法绘制结构底稿的方法:一般用透明的塑料板绘制原型,再在原型基础上进行加放处理和切展变化。

直接作图法:一般依据原型的数据和结构变化原理,在纸样上直接绘制服装结构图(图2-10)。

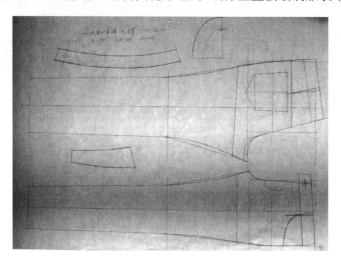

图2-10

二、纸样制作

学习阶段,绘制底稿和制作纸样,可用质量为 $40\sim50 g/m^2$ 的白纸,这种纸张便宜,有一定的透明度,拷贝、处理纸样比较方便。企业用于批量生产的裁剪纸样,则要求用质量在 $150\sim200 g/m^2$ 的厚牛皮纸,便于排料画样,并可反复使用(图2-11)。

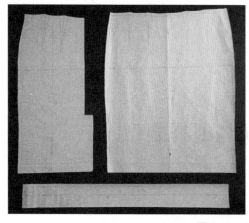

图2-11 绘制底稿、制作纸样

为了保留原始记录,便于以后的修改与存档,不宜在结构图上放缝与处理、在结构图上覆盖制图纸、拷贝相关线条、合并相关的部位、转移省道等。注意保持线条的圆顺性。转移省道的方法如下。

1. 剪切法

剪切法是指复制基础纸样,按辅助线剪开,将有关部位进行合并或重叠处理,从而得到新纸样,并在此基础上描绘出新纸样的方法。此方法较直观,但步骤较复杂(图2-12)。

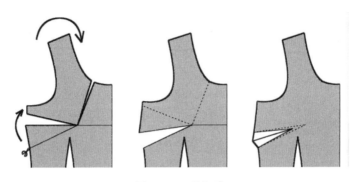

图 2 - 12　剪切法

2. 旋转法

旋转法是指复制基础纸样,用有较高透明度的纸张,以相关点为圆点旋转纸张,从而得到新纸样的方法。此方法较方便,可与纸样的放缝处理步骤合并。

3. 纸样技术处理

(1) 加入缝份。

(2) 对位记号:在省底、拉链止点、腰侧点、裤子中裆、臀围侧缝点等作刀眼,在省尖0.3cm处作钻孔。

(3) 画上布纹线,为了裁剪的准确性,布纹线即经纱方向,应通过纸样最长位置画通,对称纸样,应该在纸样的正反面都画上布纹线,以便于翻转纸样裁剪面料。

(4) 注明布纹线信息,如款式(号)、纸样名称、片数、必要说明等。

三、纸样的修正与对位

当服装平面纸样经缝合以后,可能会有相关连接部位不圆顺的现象,或者有的部位对接点出现问题,这就需要我们在缝合前的纸样绘制阶段进行修正。

(1) 纸样的前后片肩缝缝合以后,领窝不圆顺、袖窿不圆顺时要重新修改,直至圆顺为止(图2-13)。

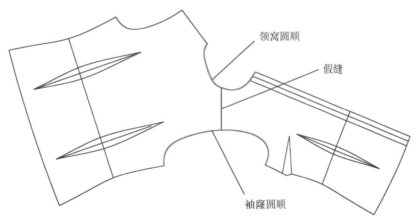

领窝圆顺

假缝

袖窿圆顺

图 2 - 13

（2）省道缝合以后出现不圆顺的现象,可用立体的思维进行修正(图 2 - 14)。

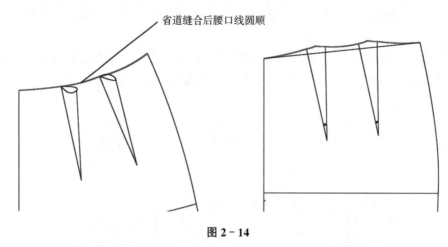

省道缝合后腰口线圆顺

图 2 - 14

（3）袖山弧线拼合后画圆顺(图 2 - 15)。

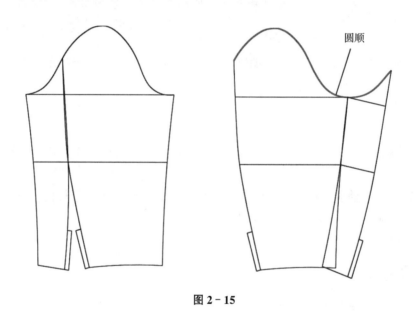

圆顺

图 2 - 15

第四节　立体造型、试衣与调整

　　最好承认纸样在第一次完成时总是不那么完美的,尤其是一些有变化的时装款式。这样我们就会重视把平面二维的纸样假缝成三维的立体造型的必要性,当三维的服装构成完成后,我们可用人体模型或真人进行试衣,客观地评价三维立体效果,再对平面二维的纸样进行修正,直至实现设计效果。虽然现在计算机技术发展迅速,计算机 3D 试衣软件迅猛发展,但目前真人试衣仍是必不可少的环节。

　　将平面二维的纸样转换为三维立体造型的方法和途径很多,统称为立体造型。

　　立体造型的材料:纸张、坯布、成品布或其他材料。

　　立体试衣的媒介:试衣人台和试衣模特。

　　立体造型的缝合方式:胶带、大头针、缝纫机等。

一、立体造型的材料

1. 纸张立体造型

在完成纸样后,可复制一份,直接用大头针或胶带假缝观看立体效果,纸张立体造型成本比坯布低、操作方便快捷,不需作整烫丝缕等前期整理,容易看到整体效果,纸张立体造型易于塑造空间,缺点是服装细节处理较难,不能做归拔等工艺,难以完成曲面效果,适合于结构简单、初步效果的表达和初步设计的观察(图2-16)。

2. 坯布立体造型(图2-17)

坯布的质感、悬垂感,更易接近实际设计效果,假缝成衣后,可以实现真人试衣,坯布立体造型裁剪缝制过程的价格较高,适合于较复杂款式和最终效果的表达。

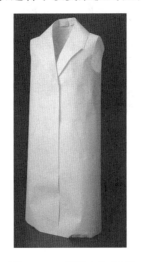

图2-16　纸张立体造型　　　　图2-17　坯布立体造型

二、立体试衣的媒介:试衣人台和试衣模特

试衣人台,既要考虑符合人体体型,又要兼顾机能性与美学特征。试衣人台要粘贴必要的标志线,便于试衣时对位和观察,试衣人台的贴线比立体裁剪稍简化,主要是前后中心线和胸围线、腰围线、臀围线等(图2-18)。

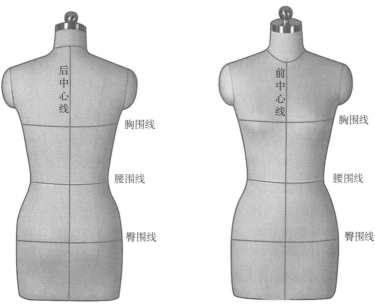

图2-18　试衣人台

试衣模特和表演模特不同,宜选择与市场目标消费者接近的体型,按服装中号尺码,即身高在 160
～165cm、胸围 84cm、腰围 68cm、臀围 90cm 左右的模特(图 2-19)。

图 2-19　试衣模型

三、立体造型的缝合方式

1. 大头针缝合法

立体造型时,为了操作方便、易于调整,能得到优美造型,要用适当的针法。大头针操作端外露 2/3
左右,便于操作整理(图 2-20)。

(1)折叠针法:一块布将缝份折叠后对齐下一层布上固定,折叠的位置便是完成线,大多数地方用
此针法(图 2-21)。

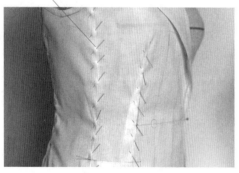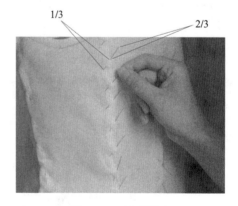

图 2-20　大头针缝合法　　　　　　　　　　图 2-21　折叠针法

(2)隐藏针法:线从一块布的折痕线处插入,并挑住另一块布,再回到第一块布的折痕处的针法,多
用于装袖、裤子窿门等部位(图 2-22)。

(3)固定针法:用一根针或两根大头针斜向刺入固定(图 2-23)。

2. 手缝针法

常用的长短针假缝,快速、稳定性好,将两层布的反面对齐缝份缝合(图2-24-1、图2-24-2)。

图2-22 隐藏针法

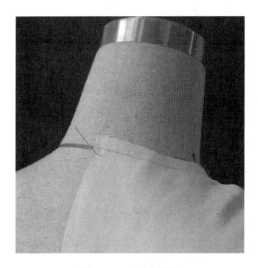

图2-23 固定针法

图2-24-1 手缝针法1

图2-24-2 手缝针法2

3. 机缝针法

方便快捷,针距不宜太小,可与成衣缝合工艺接近,缺点是修改不易,不便于调整(图2-25)。

相对于几种缝合方式,大头针缝合法方便快捷,设备简单,修改容易,便于调整(图2-26)。

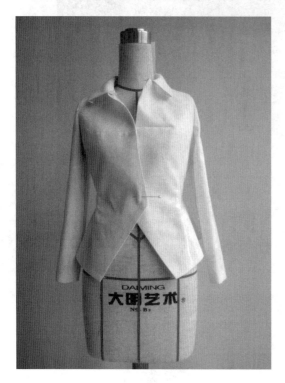

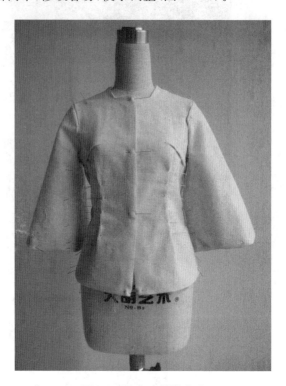

图2-25 机缝针法   图2-26 大头针缝合法

四、试衣观察

在使用正常原型作图的情况下,完成的纸样仍需要通过试衣观察来修正,这与人体体型的复杂性、服装款式设计的要求和纸样制作者的局限性、理论研究的局限性、面料的特性、采集尺寸的完整度等多重因素有关。

样衣在人台或模特试衣时,要认真观察,观察成衣效果是否符合款式设计要求,看服装中心线是否与人体中心线一致、衣身是否处于平衡状态、肩缝是否静止于肩缝处、着装方式是否正确等。

1. 静态着装观察(图2-27)

正确着装情况下肩斜度是否符合款式要求:

(1)从正面、侧面、背面观察胸围线、腰围线、摆围线是否水平。

(2)颈围、胸围、腰围、臀围、腿围、臂围等围度方向松量是否合适。

(3)领型、肩宽、胸背宽等宽度方向尺寸是否合适。

(4)观察衣长、裆长、袖长、扣位等是否与设计相符。

(5)衣袖自然下垂时袖子的自然弯曲是否合适,装袖的前倾度和装袖角度是否符合款式要求,讲究服装挂相好。

2. 动态着装观察

服装结构中宽松量和运动量的设计主要是依据人体正常运动的尺度来设计的。

(1)行走是否方便、舒适。

(2)手臂向前和向上运动时,后衣片的袖窿、背宽、袖山的造型是否符合人体运动功能的需要。

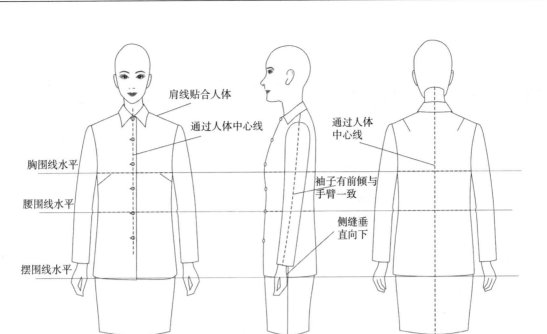

图 2-27　静态着装观察

（3）人体坐姿和下蹲时服装是否有足够的松量或舒适度。

五、样版修正

在试衣过程中出现结构疵病如衣身胸围松量不足、前衣片起吊、袖山吃势过多起死褶等,在现有样衣的基础上对纸样进行修正,不需要重新起版,有时在样衣上直接进行修改后点影,按点影对纸样进行修正。样版的修正和调整是一项复杂且技术含量较高的工作,在第十二章"服装版型调整"中阐述。

第三章 半身裙结构设计与立体造型

第一节 裙装的分类

半身裙装是包裹人体含双腿的下半身服装,款式变化丰富多彩。

一、基本裙子分类

从长度上分:迷你(mini)裙、超短裙、短裙、中裙、中长裙、长裙、特长(拖地、曳地)裙等

从围度上分(图3-1):
- 直身裙:侧缝HL以下垂直倾角为0或向内
- A字裙:侧缝HL以下垂直倾角较小
- 波浪裙(斜裙、喇叭裙):侧缝HL以下垂直倾角较大

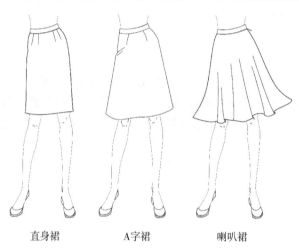

直身裙　　　　A字裙　　　　喇叭裙

图3-1 裙装围度分类

二、裙子变化款式分类(图3-2~图3-4)

喇叭裙
- 六片喇叭裙
- 八片喇叭裙
- 螺旋喇叭裙

鱼尾裙
- 纵向分割鱼尾裙
- 横向分割鱼尾裙
- 斜向分割鱼尾裙

褶裥裙:工字褶、刀褶、伞形褶

方形面料裁剪裙:抽褶裙、活褶裙、多节抽褶裙

裙裤:紧身裙裤、喇叭裙裤、褶裥裙裤

螺旋喇叭裙　　　　八片喇叭裙　　　　抽褶喇叭裙

图 3 - 2　喇叭裙

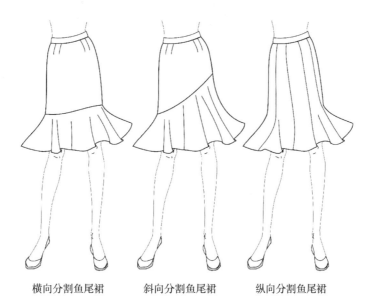

横向分割鱼尾裙　　　斜向分割鱼尾裙　　　纵向分割鱼尾裙

图 3 - 3　鱼尾裙

图 3 - 4　方形面料裁剪裙

三、裙子造型与人体体表的关系

人体下半身体表结构不仅体现臀腰差,从腰至臀、裆底尺寸的差异变化,而且腰臀围前后分布不同,前腹凸点高,后臀凸点低,腹凸量小,臀凸量大,不同类型裙子造型与人体体表结构的关系亦不尽相同。图3-5反映了裙子与下肢体表结构的关系。

紧身裙贴合部位较多,裙子造型自臀围线以下呈垂直或向内状态。

A字裙贴合部位臀围线以上较多,臀围松量比紧身裙稍多,裙子造型自臀围线以下呈向外的A字形态。

喇叭裙贴合部位稍少,后臀围上部仍是贴合区,臀围呈松身状态,裙子造型自臀围线以下向外较多,呈喇叭状态。

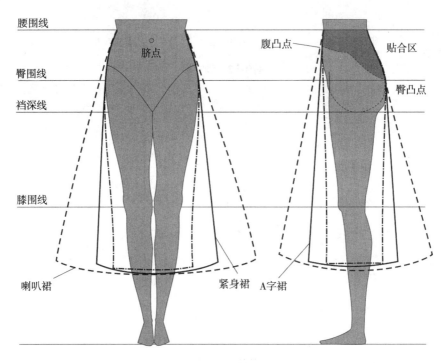

图3-5 裙子造型与人体体表关系

第二节 直身裙

一、直身裙款式特征

直身裙贴合部位较多,属于紧身裙子造型,直腰,自臀围线以下呈垂直或向内状态,前后各收四个腰省,后中装隐形拉链(图3-6)。

二、规格设计(单位:cm)

按目前我国成年女子中间体160/68A加入适当松量构成。

腰围:$W=W^*+0\sim2=68$

臀围:$H=H^*+2\sim4=90+2=92$

图 3－6

腰围至臀围(臀长):0.1G＋2＝0.1×160＋2＝18

裙长:至膝围处 L＝56

腰宽:WB＝3

三、160/68A 原型裙结构图

按裙长 L、腰围 W、臀围 H 和臀长作裙装原型结构,腰省的大小从前中至后片依次占臀腰差的百分比为 15％、15％、30％、20％、20％(图 3－7)。

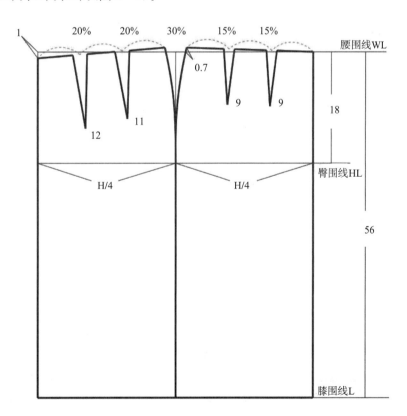

图 3－7　160/68A 原型裙结构图

四、160/68A 一步裙结构图

加上服装功能因素(行走)的一步裙平面结构图见图 3-8。

在后中设置拉链,位置至臀围线下 1cm 左右。

在后中下部设置开衩,距臀围线 18~24cm。

在侧缝收进一定的量。

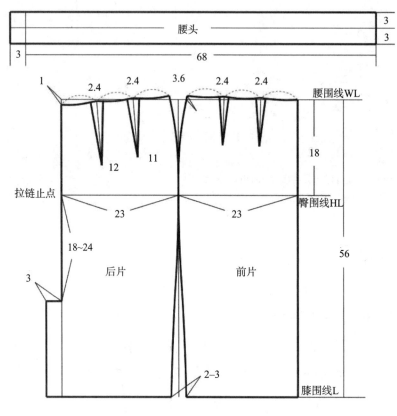

图 3-8   160/68A 一步裙结构图

（一）制版要点

腰臀围的分配方法:在直身裙结构中,为了与上装统一,臀围分配有时采用前大后小的方法。本例中为了原型变化的便捷,臀围的分配采用前后片臀围四等分的方式,当前后臀围等分时,由于人体的前腰围大于后腰围,经人体数据实验,腰省的大小从前中至后片依次占臀腰差的百分比为 15%、15%、30%、20%、20%（图 3-9）。

（二）本案例中细部规格设计

前后臀围数据 FH＝BH＝H/4＝92/4＝23cm

腰省的分布按臀腰差百分比计算后分别为 1.8、1.8、3.6、2.4、2.4cm。

（1）关于裙侧缝起翘,它是因为立体的裙子造型转化为平面构成形成的,为了达到立体的平衡,起翘量以拉线为直角为准,本案例起翘量为 0.7cm（图 3-10）。

（2）关于后中凹陷(1cm),它与人体体表结构与着装状态有关,否则此处会出现堆积现象（图 3-9）。

（3）关于人体体表结构与裙子之间的关系（图 3-11）,后省量大于前省量,后省长大于前省长,为简化方便,可基本等分处理,从满足体型角度上,也可向侧缝偏移 1~2cm。

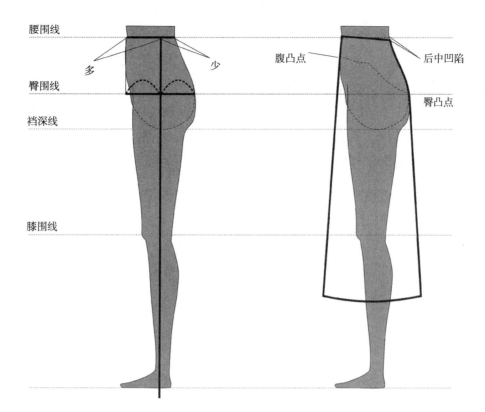

图 3 - 9

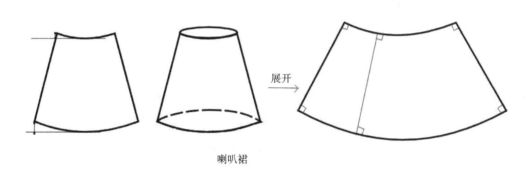

喇叭裙

图 3 - 10

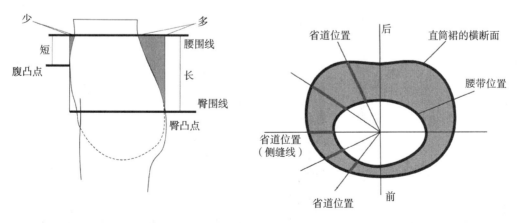

图 3 - 11

五、一步裙的纸样制作

在结构图上覆盖制图纸,拷贝相关线条,需注意线条的圆顺性,同时作纸样技术处理,加入缝份(未注明处缝份为1cm),在省底、拉链止点等处作刀眼,工业用纸样在省尖0.3cm处作钻孔,画上布纹线,注明布纹线信息,如款式(号)、纸样名称、片数、必要说明等,假缝或拼接等相关部位以及对纸样的修正与对位需标注清楚(图3-12)。

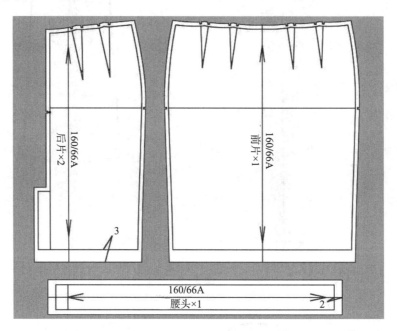

图 3-12 一步裙纸样

六、一步裙立体造型

用白纸复制纸样,用大头针和胶带按净缝线缝合,观察正面、侧面、背面立体造型效果(图3-13),可对侧缝的劈量、省位大小形态及造型进行调整,直到与人体体型一致并符合基本活动功能要求。

调整完毕,在纸样上做好标记,拆开纸样,修改纸样。

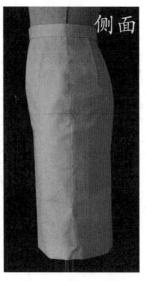
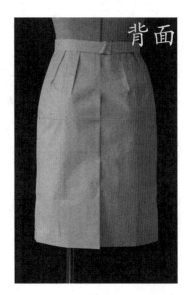

图 3-13 一步裙立体造型

第三节　A 字裙

一、A 字裙的形态特征

从腰口至 HL 合体,至下摆逐渐放大呈 A 字形,侧缝有一定的向外偏斜度,后中装拉链(图 3 - 14)。

图 3 - 14　A 字裙形态

二、A 字裙的结构设计原理

A 字裙是在原型裙的基础上增加裙摆量变化而形成的裙型。

设计原理是按通过原型省尖的剪开线剪开纸型,合并两个省中的一部分省,余省合并为一个省,下摆自然分开,还在侧缝的基础上放出一定的量。

故 A 字裙的臀腰差在腰口上只收一个省,其余量在侧缝上劈去(图 3 - 15)。

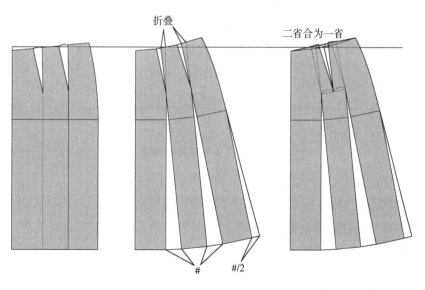

图 3 - 15　A 字裙结构设计原理

从以上的切展中可知 A 字裙的特征：

(1) 腰侧处起翘 1.5cm 左右。

(2) 省量变小，大约只占臀腰差量的 1/3。

(3) 侧缝外倾约 15：2 为常见形态。

(4) 下摆起翘。

三、A 字裙结构制图

依据 A 字裙的原理和版型规律直接作图。

（一）规格设计（单位：cm）

裙长 $L=0.4G\pm a=53$

腰围 $W=W^*+0\sim2=66+0=66$

臀围 $H=H^*+4\sim6=90+4=94$

$WB=3$

（二）结构设计（图 3-16）

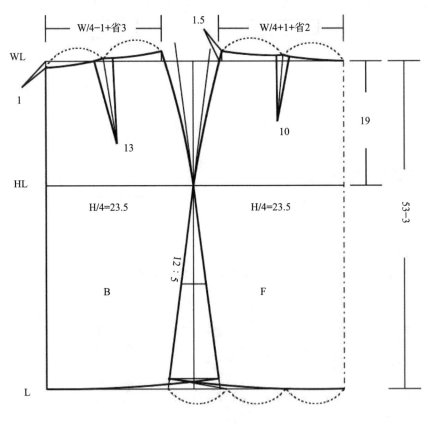

图 3-16 A 字裙结构设计

（三）制版要点

(1) 取臀腰差 1/3 左右为腰省量。前臀腰差（23.5－17.5）×1/3≈2cm，前省取 2cm，后臀腰差（23.5－15.5）×1/3≈3cm，后省取 3cm。

(2) 侧缝常见斜度可取 15：2 左右。

(3) 腰围较大时，可加大臀围松量。

（4）下摆起翘，底边 1/3 处作垂线，与裙边呈 90°。

（5）腰侧点处于侧缝向上延长线以内。

（6）腰侧点起翘 1.5cm 左右。

四、A字裙纸样

在结构图上覆盖制图纸，拷贝纸样线条，加入缝份（未注明处缝份为 1cm），在省底、拉链止点等处做刀眼，画上布纹线，注明布纹线信息（图 3-17）。

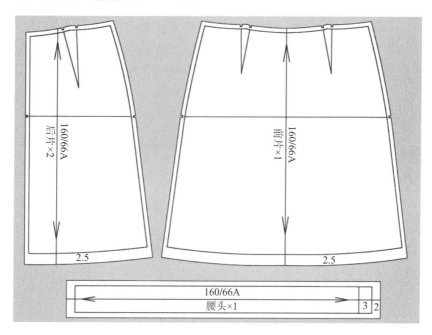

图 3-17　A 字裙纸样

五、A字裙立体造型

用白纸复制纸样，用大头针或胶带按净缝线缝合，观察正面、侧面、背面立体造型效果，可对侧缝劈量、省位大小形态进行调整造型，通过改变省位的大小和侧缝劈量观察 A 字大小的变化（图 3-18）。

调整完毕，在纸样上做好标记，拆开纸样，修改纸样。

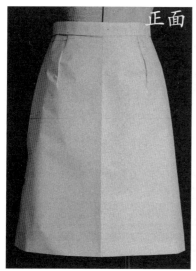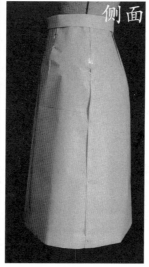

图 3-18　A 字裙立体造型

第四节　喇叭裙

一、喇叭裙的形态特征

从腰口至下摆逐渐放大呈喇叭形,无腰省(图3-19)。

侧面　　　　背面

图3-19　喇叭裙的形态特征

二、喇叭裙的结构设计原理

喇叭裙是在原型裙的基础上增加裙摆量变化而来的裙型。

设计原理是按通过原型省尖的剪开线剪开纸型,合并全部省量,下摆自然分开,还可在剪开线的基础上展出一定的量(图3-20)。

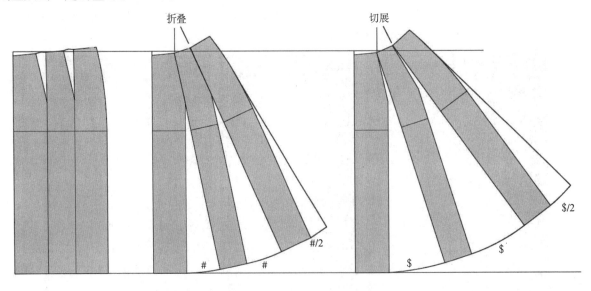

折叠　　　　切展

图3-20

从以上的切展中可知喇叭裙的特征:

(1) 腰侧处起翘增大,腰口近似圆弧的一部分。

(2) 无省。

(3) 下摆起翘近似圆弧的一部分。

三、喇叭裙圆形法制图

从喇叭裙的原理分析,可直接用圆周率公式进行结构制图。

1. 半圆裙

(1) 款式分析:180°圆弧形成的喇叭裙。

(2) 规格设计:(单位:cm)

已知:160/66A,L=45,WB=3

内圆半径 R1=W/π=66/3.14=21

外圆半径 R2=W/π+(L-WB)=66/3.14+(45-3)=63

(3) 结构图(图3-21)。

分别用 R1=21cm 和 R2=63cm 为半径作半圆环,裙长为 R2-R1,半圆环内径为腰围,外径为裙摆大小,侧缝设置为正经纱方向或正纬纱方向,尺寸稳定,便于缝制,在前后中心斜纱方向减去一定的量,作为斜纱伸长量,这个量与面料属性有关,可试缝再测定。

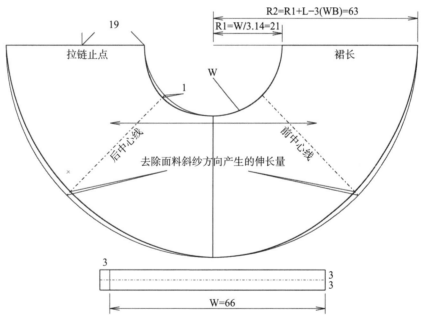

图3-21　半圆裙结构图

(4) 纸样制作(图3-22)。

2. 太阳裙(全圆裙):360°圆弧形成的喇叭裙

类似半圆裙方法绘制,计算出:

内圆半径 R1=W/2π=W/6.28

外圆半径 R2=W/2π+(L-WB)

分别用 R1 和 R2 为半径作圆环,裙长为 R2-R1,圆环内径为腰围,外径为裙摆大小,确定裙片数(4片或2片),绘制布纹线,尽量避免车缝线出现斜纱,纸样在斜纱方向上去掉面料伸长量(图3-23)。

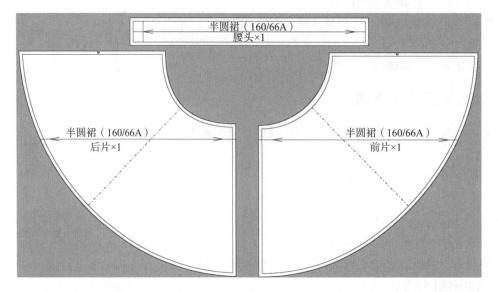

图 3－22　半圆裙纸样

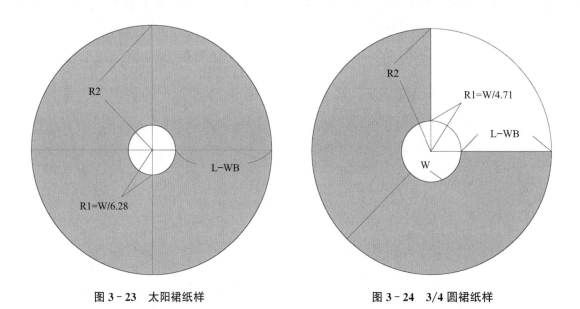

图 3－23　太阳裙纸样　　　　　　　　　图 3－24　3/4 圆裙纸样

3. 3/4 圆裙：270°圆弧形成的喇叭裙

圆周长 $W＝2πR1×3/4$　故 内圆半径 $R1＝W/π×2/3＝W/4.71$

外圆半径 $R2＝R1＋(L－WB)$

分别用 R1 和 R2 为半径作半圆环，裙长为 R2－R1，圆环内径为腰围，外径为裙摆大小，确定裙片数，绘制布纹线，尽量避免车缝线出现斜纱，在斜纱方向上去掉面料伸长量（图 3－24）。

4. 双圆裙（720°）

圆周长 $W＝2πR1×2$　故 内圆半径 $R1＝W/4π＝W/12.56$

外圆半径 $R2＝R1＋(L－WB)$

分别用 R1 和 R2 为半径作双圆环，裙长为 R2－R1，双圆环内径为腰围，双外径为裙摆大小确定裙片数，绘制布纹线，尽量避免车缝线出现斜纱，在斜纱方向上去掉面料伸长量（图 3－25）。

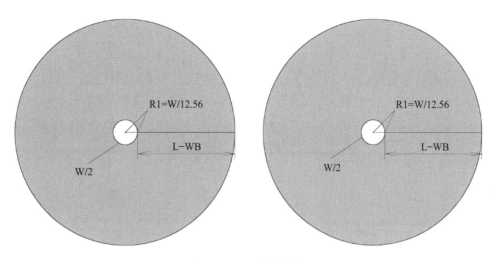

图 3-25　双圆裙纸样

四、喇叭裙立体造型

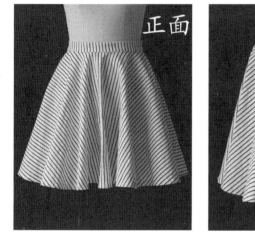

图 3-26　太阳裙(360°)立体造型

第五节　拼片裙

由一些三角形或梯队布拼接而成的裙子,立体感强、造型优美,一般由六片、八片构成,在外观造型上常见的有喇叭裙、鱼尾裙、插片裙、螺旋裙等。

一、六片喇叭裙

1. 款式分析

从腰围至臀围到下摆呈喇叭形放大,由六片纵向分割的裙片拼接而成,直腰,侧缝装拉链,宜选用垂感好的面料制作(图 3-27)。

图 3-27　六片喇叭裙款式分析

2. 规格设计(单位:cm)

裙长 $L=0.4G\pm a=53$

$W=W^*+0\sim2=66+0=66$

$H=H^*+4\sim6=90+4=94$

$WB=3$

3. 结构设计(图 3-28)

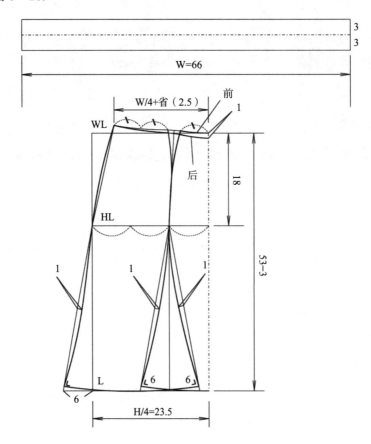

图 3-28　六片喇叭裙结构设计

要点：

(1) 臀腰差作简化处理，前后片设置相等的省量，每片臀腰宽相等。

(2) 省道的分布可参照 A 字裙，省量约占臀腰差量的 1/3，取 2.5cm。

4. 纸样制作(图 3-29)

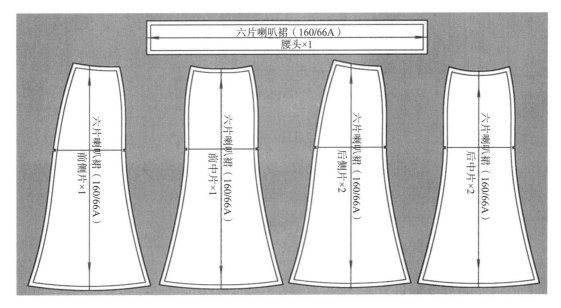

图 3-29　六片喇叭裙纸样

5. 立体造型(图 3-30)

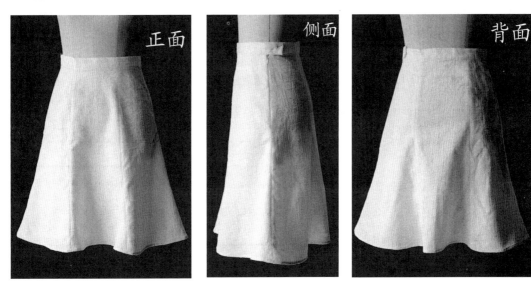

图 3-30　六片喇叭裙立体造型

二、横向分割鱼尾裙

1. 款式分析

从腰围至臀围到下摆先收后放，横向分割，上半部分为一步裙结构，下半部分喇叭呈鱼尾形(图 3-31)。

图 3 - 31 　横向分割鱼尾裙款式分析

2. 规格设计(单位:cm)

按紧身裙设计臀腰围尺寸。

$L = 0.5 \times G - 5 = 75$

$W = W^* + 0 \sim 2 = 66 + 2 = 68$

$H = H^* + 2 \sim 3 = 90 + 2 = 92$

$WB = 3$

3. 结构设计(图 3 - 32)

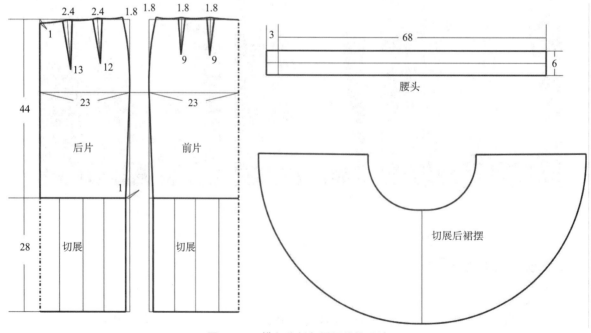

图 3 - 32 　横向分割鱼尾裙结构设计

4．成衣试穿（图 3 - 33）

图 3 - 33　成衣试穿

三、八片鱼尾裙

1．款式分析

从腰围至臀围到下摆先收后放,纵向八片分割呈鱼尾形,直腰,侧缝装拉链,宜选用垂感好的面料制作（图 3 - 34）。

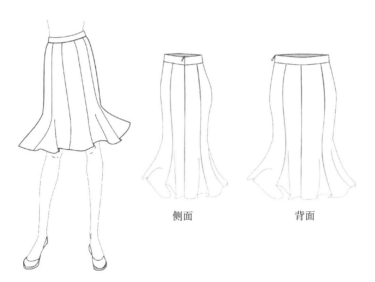

侧面　　　　　背面

图 3 - 34　八片鱼尾裙款式分析

2．规格设计（单位:cm）

按紧身裙设计臀腰围尺寸。

$L = 0.4 \times G - 1 = 63$

$W = W^* + 0 \sim 2 = 66 + 0 = 66$

$H = H^* + 3 \sim 4 = 90 + 4 = 94$

$WB = 3$

3. 结构设计(图 3 - 35)

要点:

(1) 臀腰差作简化处理,前后片设置相等的省量,每片臀腰宽相等。

(2) 省道的分布可参照直身裙,省量按两等份平分,侧缝劈量一半,其余量省宽取 2.5cm,中心 1cm。

(3) 鱼尾裙的收放转折位置:一般取在臀围线 18~24cm,太高,鱼尾收量不明显,造型欠妥,太低,行走有困难。

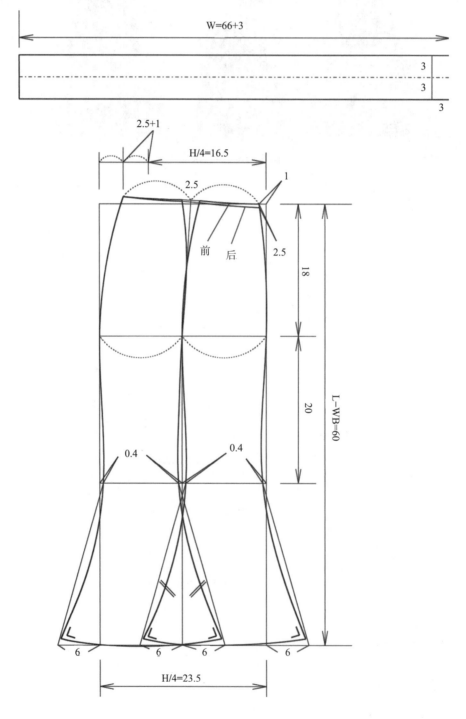

图 3 - 35 八片鱼尾裙结构设计

3. 纸样制作(图 3 – 36)

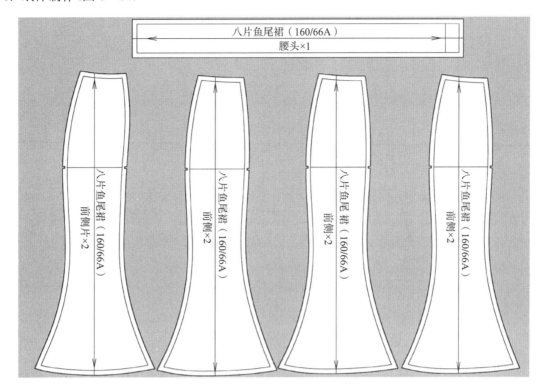

图 3 – 36　八片鱼尾裙的纸样

4. 立体造型与试样调整(图 3 – 37)

试衣时,可调整鱼尾收放量的高低和大小,试穿后进行修正。

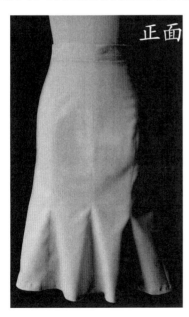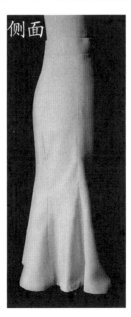

图 3 – 37　八片鱼尾裙立体造型

三、插片裙

制版原理与八片鱼尾裙类似,分割方法见图 3 – 38。

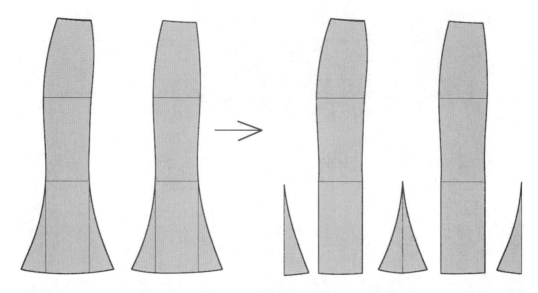

图 3-38 插片裙分割方法

第六节 方形面料抽褶裙

　　方形面料经过腰围处或横向分割处加入褶量形成的裙子,多采用轻薄面料构成,裙摆呈直线型。常见的款式有碎褶裙、荷叶边裙、多节裙(又叫塔裙)、活褶裙等。

一、多节裙

1. 款式分析

方形面料加入褶皱,横向分割成三段,从上至下各段逐渐加长,腰口束松紧(图 3-39)。

图 3-39 多节裙款式分析

2. 规格设计(单位:cm)

L=0.4G+6=75

三段可以取相等的长度,也可以从上至下各段逐渐加长,三段可按接近黄金分割的比例设置。

假设:第一段长 L1=a,第二段长 L2=1.6a,第三段长 L3=1.6×1.6a。

则:a+1.6a+1.6×1.6a=75,计算 a≈15,

取:L1=15,L2=25,L3=35。

3. 结构设计

有较多的松量和蓬松感,裙片不设置前后差,为了减少面料的拼接,也可以顺着面料的经向裁剪。注意:当第一节为抽褶结构时,可加入较多的量,以保证臀围处有足够的松量(图 3-40)。

4. 立体造型(图 3-41)

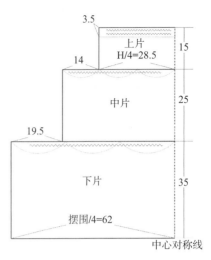

图 3-40 多节裙结构设计

图 3-41 多节裙立体造型

二、方形面料褶裥裙

1. 款式分析

此款方形面料裁剪而成的半身裙,外形呈喇叭形,自腰部至臀围附近刀褶呈扇形分布,腰口设计连腰与装腰相结合,腰口两侧有调节腰围大小的调整扣,后中装拉链(图 3-42)。

图 3-42 方形面料褶裥裙款式分析

55

2. 规格设计(160/66A)(单位:cm)

裙长 L=0.5G+5=85

成品 W=W*+2=68

裙摆围 212

WB=4

3. 结构设计(图 3-43)

按裙长 85cm 和摆围的 1/4 即 124/4=53cm 作方形框架线,在此基础上作刀褶,摆围与腰围的差为 53-68/4=36cm,每片 4.5 个褶,每个褶量腰口端为 8cm,褶底端缩小 1.2cm,

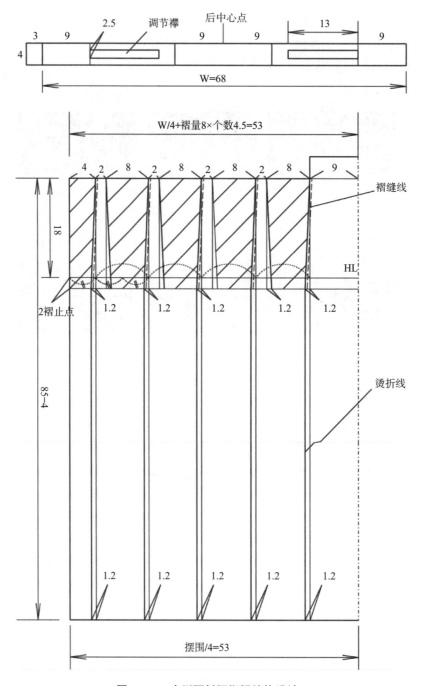

图 3-43 方形面料褶裥裙结构设计

4. 假缝与样衣调整

将褶裥画样定位,按刀褶方向理顺褶裥至下摆,用大头针固定褶裥缝合处,下摆会呈自然喇叭状(图3-44)。

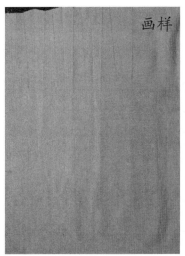

图3-44　假缝

5. 立体造型(图3-45)。

图3-45　着装效果

第七节　育克裙

育克是英文 yoke 的音译,一般指服装衣片上方的横向分割线,在服装中育克分割线设计应用广泛,在结构上暗藏省道。要注意省道转移在结构设计上的应用。

一、款式分析

外形为直身裙轮廓,前后片上部有弧线形育克分割,分割处有对称立体感褶裥,后中装隐形拉链(图3-46)。

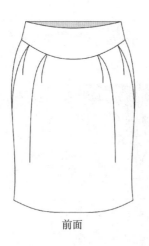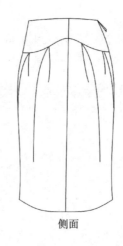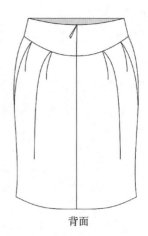

前面　　　　　　　　　　　侧面　　　　　　　　　　　背面

图 3 - 46　育克裙款式分析

二、规格设计(160/66A)(单位:cm)

$L=0.4G+a=60$

$W=W^*+0\sim2=66$

$H=H^*+4$ 基础上进行展开

三、结构设计

1. 按直身裙结构原理绘制底图(图 3 - 47)

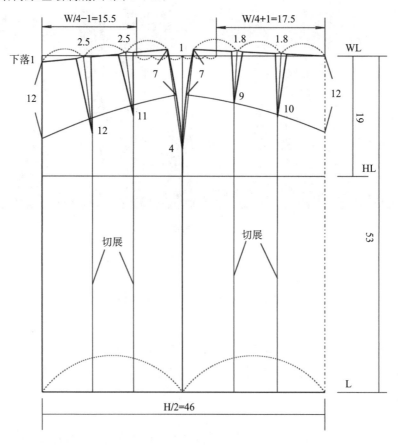

图 3 - 47　育克裙底图

2. 复制结构底图(图 3-48)

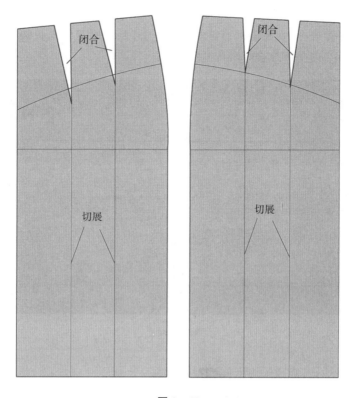

图 3-48

3. 将育克线上部省道合并,并画顺,将裙身下半部分沿辅助线展开,画顺。注意:在褶裥处宜预留较多的缝份,制作样衣时作褶裥处立体造型处理(图 3-49)。

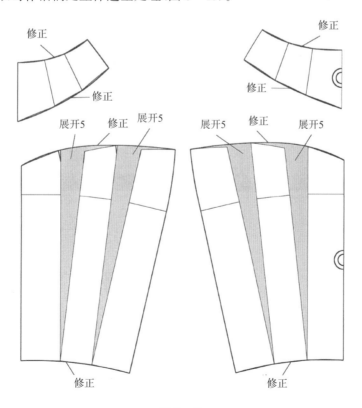

图 3-49

四、立体造型与试衣调整

用白纸复制纸样,并做好标记,在褶裥上口多预留缝份,要使用三角形折叠,使褶裥产生立体感,调整完毕用点影笔做好标记,便于修改最终纸样(图3－50)。

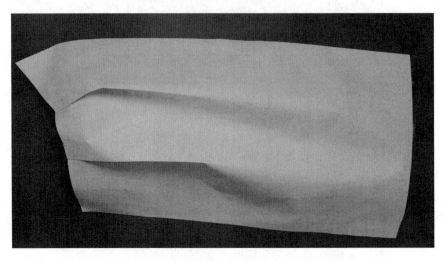

图 3－50

完成立体造型,做好标记,修改最终纸样(图3－51)。

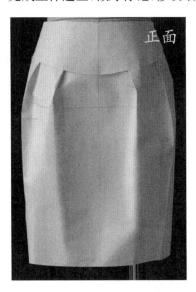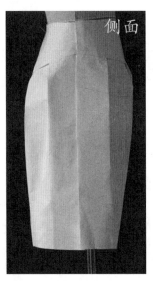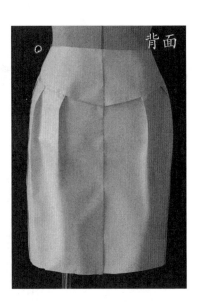

图 3－51　立体造型

第八节　褶裥包臀裙

一、款式分析

外形为包臀裙轮廓,前片开衩,有横向褶裥,后中装隐形拉链(图3－52)。

图 3-52 褶裥包臀裙款式分析

二、规格设计(160/66A)(单位:cm)

$L=0.4G+a=71$

$W=W^*+0\sim2=68$

$H=H^*+2=92$ 基础上进行展开

三、结构设计

1. 按直身裙结构原理绘制底图(图 3-53)

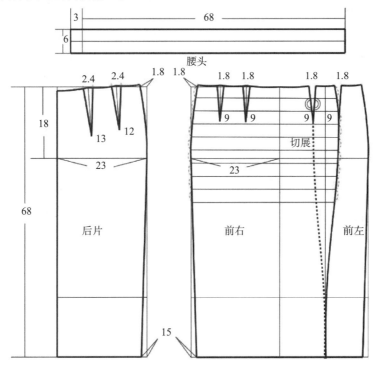

图 3-53 褶裥包臀裙底图

2. 将褶裥部分作辅助线切展,腰省合并处理,并画顺。注意:在褶裥处宜预留较多的缝份,制作样衣时作褶裥处立体造型处理(图3-54)。

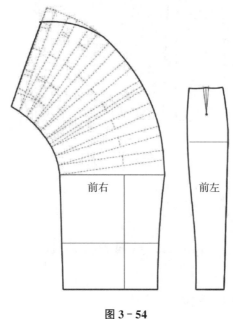

图3-54

四、立体造型与试衣调整

完成立体造型,做好标记,修改最终纸样(图3-55)。

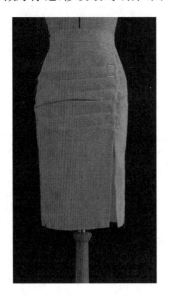 

图3-55 褶裥包臀裙立体造型

第九节 裤裙

裤裙有裙装的外观和裤装的裆部结构,在结构设计时,以基本裙装结构结合裆部结构为基础,可变化出丰富多彩的裤裙款式。

一、基本裤裙

1. 款式分析

A字形裙装外观，裤装裆部结构，侧缝装拉链（图3-56）。

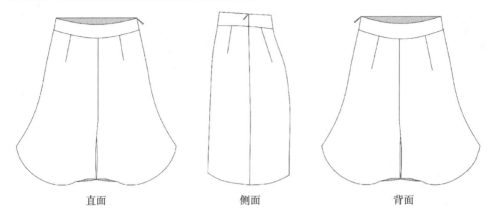

直面　　　　　　　侧面　　　　　　　背面

图3-56　基本裤裙款式分析

2. 规格设计（160/66A）（单位：cm）

$L=0.25G+3=43$

$W=W^*+0\sim2=68$

$H=H^*+6\sim8=96$

基本裤裙的裆深可在人体裆深的基础上放2~3cm的松量，裆深取27+2cm。

3. 结构设计

裤裙的结构是在接近A字裙的基础上增加裆部设计，其后裆缝的倾斜度较小，故在裆深上增加一定的量，以满足运动功能的需要，而脚口的设计仍依照裙装，基本裤裙结构如图3-57所示。

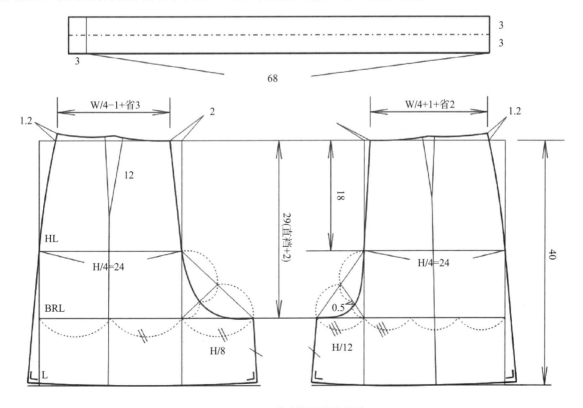

图3-57　基本裤裙结构设计

4. 基本裤裙立体造型（图 3 - 58）

图 3 - 58　基本裤裙立体造型

二、变化裤裙

1. 在裙身插入波浪结构，形成富有趣味的喇叭形裤裙（图 3 - 59）

图 3 - 59

2. 在基本裤裙基础上合并腰省（图 3 - 60）

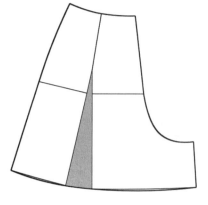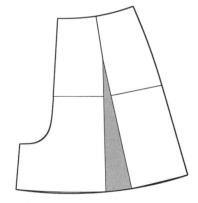

图 3 - 60

3. 臀围线以下作辅助线,为拼接进行切展准备(图 3-61)

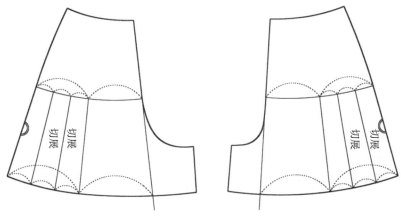

图 3-61

4. 将拼接的部位进行环浪形切展(图 3-62)

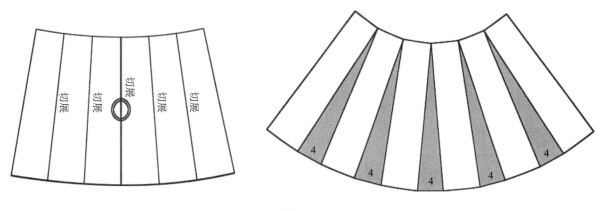

图 3-62

5. 纸样制作(图 3-63)

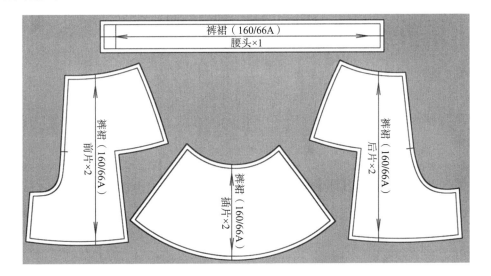

图 3-63 裤裙纸样

6. 变化裤裙立体造型

坯布立体造型,注意裤裙裆部结构的静态和动态效果。环浪切展部分造型可进行切展大小试验,选定适合的展开度(图3-64)。

图3-64 变化裤裙立体造型

第四章　女裤装结构设计与立体造型

第一节　裤装的分类

裤装常按如下几种方式进行分类。

一、以裤子长短进行分类

以裤子长短进行分类可分为长裤、九分裤、七分裤、中裤、短裤和超短裤等,图4-1中数据以身高160女子为例,其他号型按档差类推。

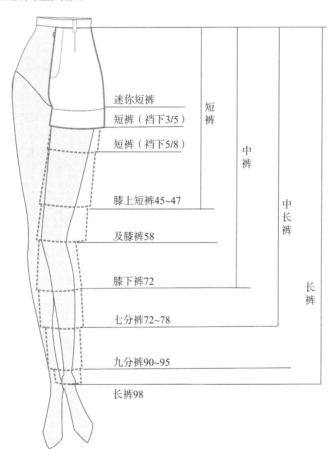

图4-1　长短分类

二、以裤子造型进行分类(图4-2、图4-3)

1. 直筒裤:裤的基本形,裤管呈笔直线造型。
2. 锥形裤:腰至臀围有较多的松量,至脚口渐变为较细的造型,呈锥形。
3. 喇叭裤:腰至膝围处一般较合体,膝围至脚口渐变为喇叭的造型。

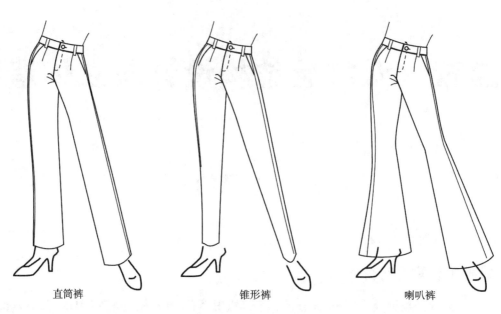

直筒裤　　　　　　　　锥形裤　　　　　　　　喇叭裤

图 4 - 2　造型分类 1

4. 阔腿裤:从大腿处至裤脚比较宽阔的造型。

5. 铅笔裤:纤细的裤管造型。

6. 裙裤:外观似裙子,具有裆部结构的裤子。

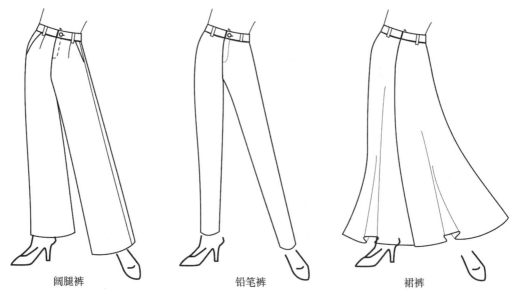

阔腿裤　　　　　　　　铅笔裤　　　　　　　　裙裤

图 4 - 3　造型分类 2

三、以裤子的臀围放松量分类(图 4 - 4)

1. 紧身弹力裤:弹力面料臀围放松量可为负数,净臀围减去 2～8cm。

2. 贴体裤:臀围加放量为 0～4cm。

3. 较贴体裤:臀围加放量为 8～12cm。

4. 较宽松裤:臀围加放量为 12～20cm。

5. 宽松裤:臀围加放量为 20cm 以上。

紧身弹力：净臀围－（2~8）
贴体风格：净臀围+（0~4）
较贴体风格：净臀围+（8~12）
较宽松风格：净臀围+（12~20）
宽松风格：净臀围+20以上

图4-4 臀围放松量分类

第二节　基本女裤

一、裤装的结构与人体

（一）裤装结构设计

裤装的结构设计要充分考虑人体下肢的构造和各关节的运动规律以及裤装设计的美学要求。裤装的设计在下肢体表结构的功能分布如图4-5所示，有如下功能分布。

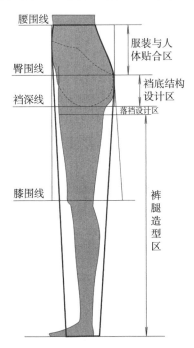

图4-5 裤装设计右下肢体表结构功能分布

（1）服装与人体贴合区：由裤子的腰省、分割线、劈缝等形成的人体与裤子贴合区。

（2）裆底结构设计区：考虑裤子的运动功能而进行裆底设计的区域。

（3）落裆设计区：裆部自由造型空间。

（4）裤腿造型设计区：裤子设计造型区间。

（二）与裤装结构设计相关的人体数据（图 4-6）

裆底至膝围线可依据裤形设计适当抬高；横裆至膝围长＝$G^*/5-0\sim4cm$。

裤长可依据款式变化进行调节；$TL=0.6\ G^*+$款式参数。

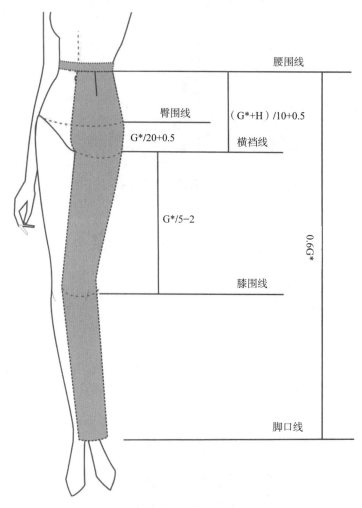

腰围线

臀围线

$(G^*+H)/10+0.5$

横裆线

$G^*/20+0.5$

$G^*/5-2$

$0.6G^*$

膝围线

脚口线

图 4-6　相关人体数据

（三）裤子原型与下肢体表的对应关系

裤子原型是按人体体表结构加放一定的松量后平面展开的结果。先按如图 4-7 所示绘制人体腰围线、臀围线、裆深线、膝围线、裤长线，在人体侧截面上绘制原型裤片结构，腰围的大小以人体静态数据加上省道或褶裥，裤子窿门宽的设计与人体臀部的截面密切相关，窿门宽＝人体腹臀宽＋松量－面料伸长量。在臀围上加放松量时，按图加放 30%、30% 和 40% 分布。

人体的腹臀宽＝0.24H*，裤子的窿门宽与前后下裆缝夹角有关。当下裆缝夹角小时，如裤裙、阔腿裤等，裤子的窿门宽＝0.2H~0.24H；当下裆缝夹角大时，如普通裤、贴体裤等，裤子的窿门宽＝0.14H~0.16H（图 4-8、图 4-9）。

落裆设计区可调整前后裆缝的连接和臀底与裤裆底部之间的间隙。

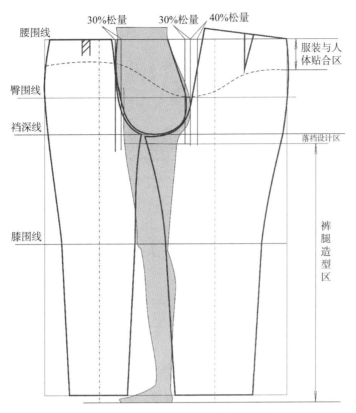

图 4-7　裤子原型与下肢体表的对应关系

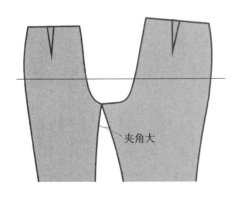
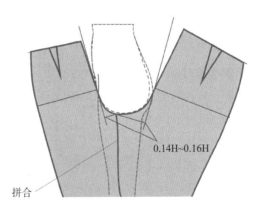

图 4-8

图 4-9

二、基本女裤款式分析

基本女裤是以我国成年女子中间体 160/68A 为基础进行规格设计,加放人体运动需要的最少臀围松量的直筒裤结构,中腰,款式如图 4-10 所示。

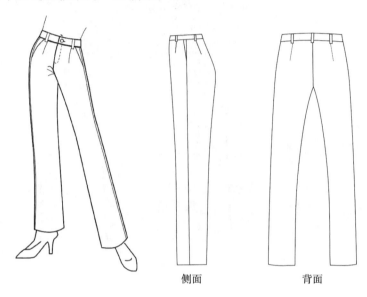

侧面   背面

图 4-10 基本女裤

三、总体规格设计(单位:cm)

$W = W^* + 0 \sim 2 = 68$

$H = H^* + 4 = 90 + 4 = 94$

上裆长 $= (G^* + H^*)/10 + 0 \sim 0.5 = (160 + 90)/10 + 0 = 25$(不含腰宽)

裤长 $TL = 0.6 G^* + 3.5 = 0.6 \times 160 + 3.5 = 99.5$

臀至横裆长 $= G^*/20 = 160/20 = 8$

横裆至膝围长 $= G^*/5 - 2 = 160/5 - 2 = 30$

窿门总宽 $= 0.15 H$

中裆宽 $= 0.2H + 0 \sim 2 = 0.2 \times 94 + 1.2 = 20$

脚口 $SB = 0.2H + 0 \sim 2 = 0.2 \times 94 + 0.2 = 19$

四、细部规格设计(单位:cm)

前腰 $FW = W/4 + 0.5 + 省 2 = 19.5$

后腰 $BW = W/4 - 0.5 + 省 3 = 19.5$

前臀 $FH = H/4 - 1 = 22.5$

后臀 $BH = H/4 + 1 = 24.5$

前窿门宽 $= 0.4 H$

后窿门宽 $= 0.11 H$

前脚口 $SB - 2 = 17$

后脚口 $SB + 2 = 21$

五、结构设计(图 4 - 11)

(一) 结构设计要点(单位:cm)

(1) 前后臀围的分配体现前片小,后片大,裤侧缝偏前。

前腰 FW＝W/4＋0.5＋省

后腰 BW＝W/4－0.5＋省

前臀 FH＝H/4－1

后臀 BH＝H/4＋1

(2) 前后省道的设置,依据人体下肢体表结构臀腰差的分布(图 3 - 11),后裆缝斜度大于前裆缝斜度,后省量大于前省量。

(3) 前后窿门量的设计,依据图 4 - 7 的原理,基本裤子的总窿门量控制在 0.14H～0.16H,本例为较贴体风格,按 0.15H 计算。

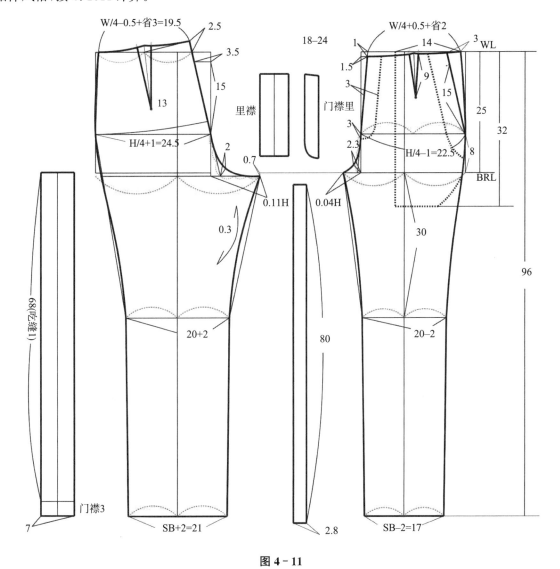

图 4 - 11

(4) 为增加裤子的运动功能,在裤装设计时,将后裆缝切开以增加裤子的困势,从而得出人体的运动量(图 4 - 12),对于较贴体裤子,后裆缝的斜度控制在 15∶3～15∶4。由于后裆缝切展,裤子前侧缝劈势大于后侧缝劈势。

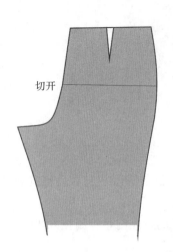
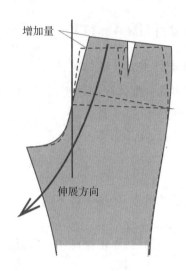

图 4 - 12

（二）关于零部件的绘制（图 4 - 13）

（1）门襟里：3cm 宽与前裤边线平行，长度至臀围线下 1cm。

（2）袋垫布：袋口长 17cm，与袋口重叠 3cm。

（3）袋贴布：3cm 宽。

（4）口袋布：对折成口袋，深 32cm，宽 15cm，袋口处开口。

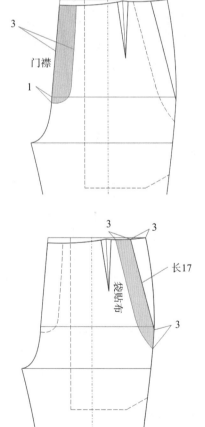
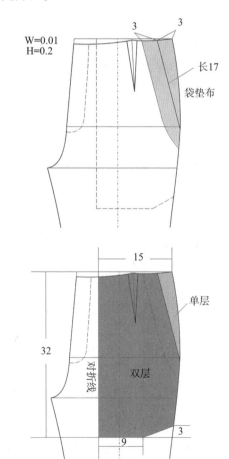

图 4 - 13

(6)中裆线的设置一般高于人体膝围线,造型比较优美。

六、纸样制作(图4-14)

(1)加入缝份:脚口处4cm,其余1cm。

(2)对位记号:在省底、裤子中裆、臀围侧缝点等作刀眼,在省尖0.3cm处作钻孔。

(3)画布纹线:为了裁剪的准确性,布纹线即经纱方向线应画成通过纸样最长位置,画通,对称纸样,应该在纸样的正反面都画上布纹线,以便于翻转纸样裁剪面料。

(4)注明布纹线信息:如款式(号)、纸样名称、片数、必要说明等。

(5)检验:确认前后片侧缝线,前后片下裆缝是否相等,腰围线长度是否与腰头长相等,拼合下裆缝10cm,检查前后窿门是否圆顺。

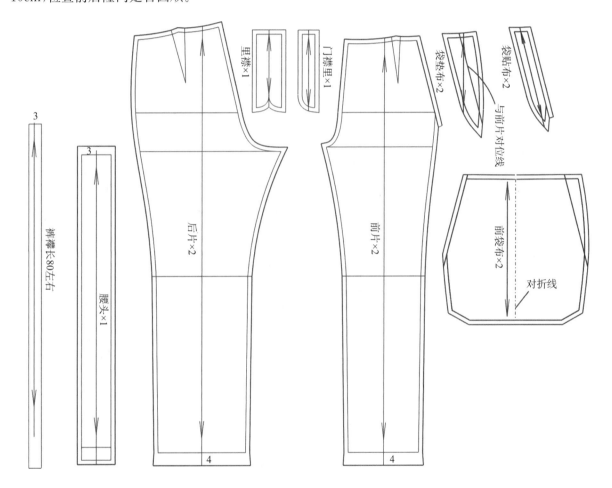

图4-14

七、立体造型

(1)为塑造合体的曲面效果,在缝合时对裁片作归拔熨烫处理(图4-15)。

(2)缝合时注意对位记号,在中裆、臀围等处对刀眼。

(3)试衣时对齐前后中心线和腰围线,观察坯布上的臀围线与人体臀围线的移位现象。

(4)观察整体造型,调节不合理部位,如前后裆缝、侧缝线、裆下缝、省道长短和大小,做标记修订纸样(图4-16)。

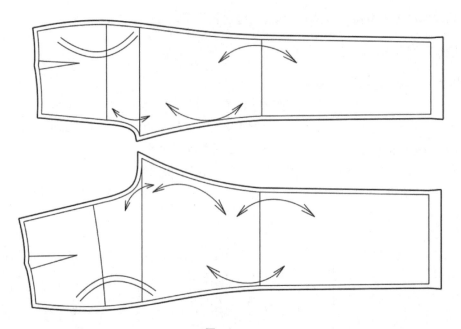

图 4 - 15

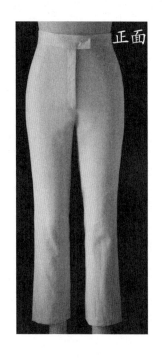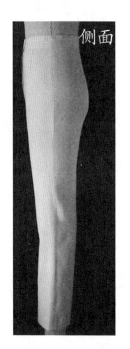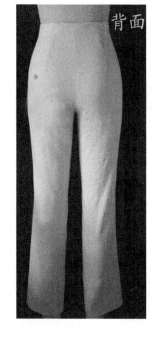

图 4 - 16 立体造型调整

第三节 低腰裤

一、款式分析

选用较厚实的面料或弹性面料,通常用双针明线缝制工艺,在臀围设置较合体松量,减小直裆尺寸,降低腰头,同时腰围尺寸增大,为低腰合体款式(图 4 - 17)。

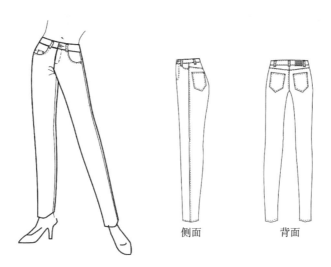

图 4-17　低腰裤款式分析

二、低腰裤变化原理

（1）在基本裤结构上，降低直裆，同时裤子腰围会增大（图 4-18）。

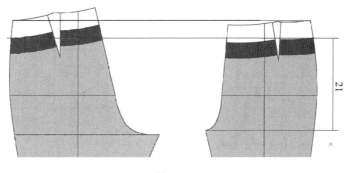

图 4-18

（2）重新分配省量，适当增加前后中心劈量，根据需要调整省大小和长度（图 4-19）。

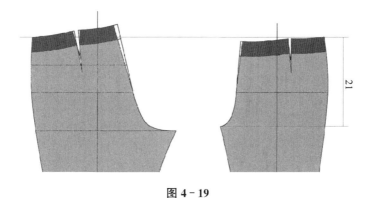

图 4-19

三、总体规格设计（单位：cm）

（1）直裆深。低腰裤的低腰程度可依设计需要进行设计，本例依低腰规格进行设计，取直裆长＝21（含腰宽）。

（2）腰围。直裆减少,腰围会增加,根据对 160/66A 人体实践测量,当前裆长为 21（含腰宽）W =76。

（3）臀围（以非弹性面料为例）H＝H*＋2＝90＋2＝92。

（4）裤长 TL＝0.6 G*＋2＝0.6×160＋2＝98。

（5）臀至横裆长＝G*/20＝160/20＝8。

（6）横裆至膝围长＝G*/5－2＝160/5－2＝30。

（7）贴体风格窿门总宽＝0.14H－0.15 H。

（8）中裆宽＝膝围＋松量（1～2）＝36。

（9）脚口 SB＝16。

四、细部规格设计（单位:cm）

前腰 FW＝W/4＋省 0.8＝19.8   后腰 BW＝W/4＋省 1.2＝20.2

前臀 FH＝H/4－1.5＝21.5   后臀 BH＝H/4＋1.5＝24.5

前窿门宽＝0.4 H   后窿门宽＝0.11 H

前脚口 SB－2＝14   后脚口 SB＋2＝18

五、结构设计（图 4－20）

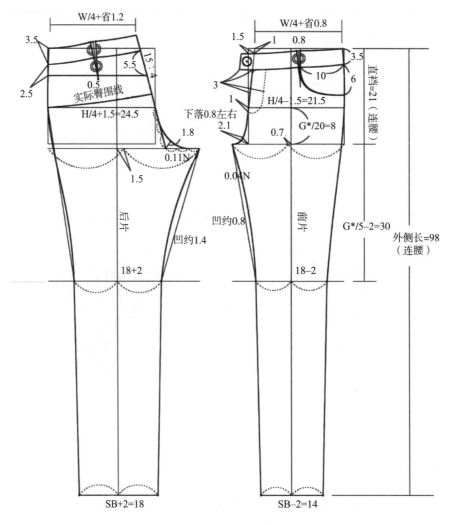

图 4－20 低腰裤结构设计

（1）按贴体风格进行结构设计，低腰结构有较小的臀腰差，本例为 $92-76=16cm$ ，依据推算，后裆缝倾斜度为 $15:4$ 左右（后中心起翘 3cm），前裆缝劈量取 1.5cm，前后省分别设置 0.8cm、1.2cm 再作转移处理。注意：侧缝劈量不宜过大。

（2）为增加后上裆的运动量，后中心线向外偏移 1.5cm，前中心线向外偏移 0.7cm。

（3）后贴袋结构，尺寸设计注重装饰性，与臀围大小相关，袋口大小 0.1H＋3～5cm。注意：口袋深比袋口宽多 1～1.5cm，上口比下口宽多 1～1.5cm，装袋位置着装后两个口袋呈内八字形（图 4 - 21）。

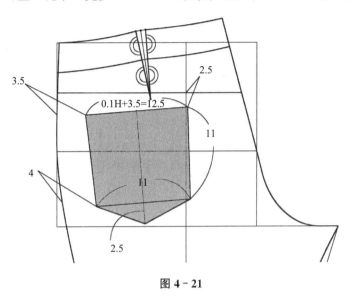

图 4 - 21

六、纸样制作

保留结构图，用拷贝纸，将前后腰片合并省缝，并前后拼接，保证圆顺；将后育克结构图省缝合并，画顺；后片接后育克上口约 0.3cm 省道作为归拢量（图 4 - 22）。

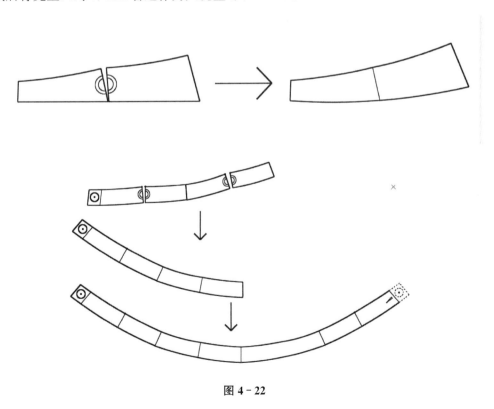

图 4 - 22

（1）加入缝份，脚口处、后袋口边 3cm，前袋垫布贴边 4cm，其余未注明处 1cm。

（2）对位记号：裤子中裆、前袋垫布等作刀眼。

（3）画上布纹线，腰头布纹线以后中线为对称（图 4-23）。

（4）检验：确认前后片侧缝线，前后片下裆缝是否相等，腰围线长度是否与腰头长相等，拼合下裆缝10cm，检查前后窿门是否圆顺。

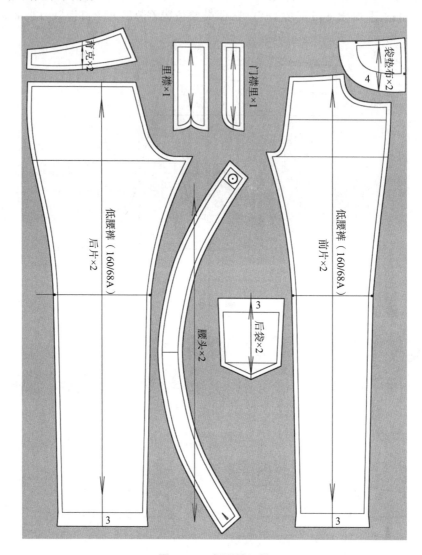

图 4-23　低腰裤纸样

七、立体造型

（1）为塑造合体的曲面效果，在缝合前参考图 4-15 对裁片作归拔熨烫处理。

（2）缝合后育克在臀部吸收了一定的省量，前袋口与袋垫布间留一定松量（暗省），注意对位记号，在中裆、臀围、分割线等处对刀眼。

（3）试衣时对齐前后中心线和腰围线，观察坯布上的臀围线与人体实际臀围线的位置。

（4）观察整体造型，调节不合理部位，如前后裆缝、侧缝线、裆下缝、分割线和前袋，做标记修订纸样（图 4-24）。

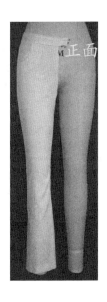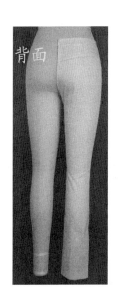

图 4 - 24　低腰裤立体造型

第四节　七分阔腿裤

一、款式特征

中腰较贴体七分阔腿裤,前片褶裥,后片省缝,侧缝装隐形拉链,自臀围以下呈放大 A 字形阔腿造型(图 4 - 25)。

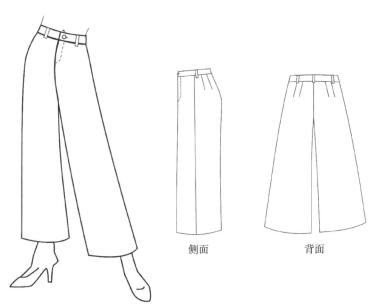

图 4 - 25　七分阔腿裤款式特征

二、规格设计(160/66A)(单位:cm)

L=0.5G+8=88

$W=66+0-2=68$

$H=H^*+6=96$

$SB=58$

细部规格设计

$FH=H/4-1=23$ $BH=H/4+1=25$

$FW=W/4+吃量+1=19.5$ $BW=W/4++吃量+4(省)=20.5$

三、结构设计

要点：

腰头做一定的弯势，更合理，并设置 1cm 装腰吃势量，阔腿裤的前后窿门总量在 $0.17H\sim0.19H$ 左右（图 4-26）。

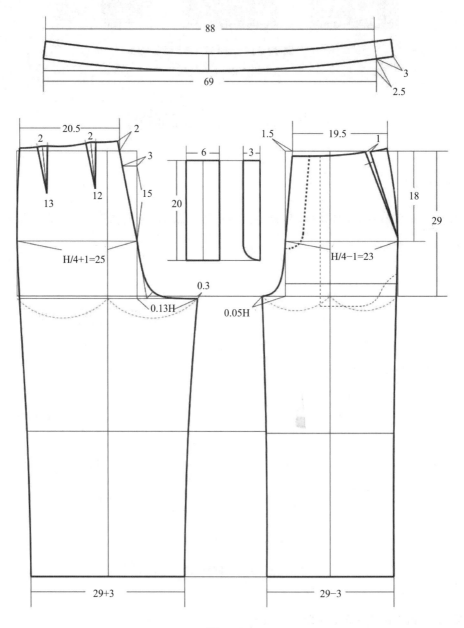

图 4-26

四、纸样制作

复描结构图,加入缝份,除注明外为1cm;加上布纹线和纸样技术规定,检验前后片侧缝线,前后片下裆缝是否相等,腰围线长度是否与腰头长相符,拼合下裆缝8cm,检查前后窿门是否圆顺,腹臀舒适度是否满足(图4-27)。

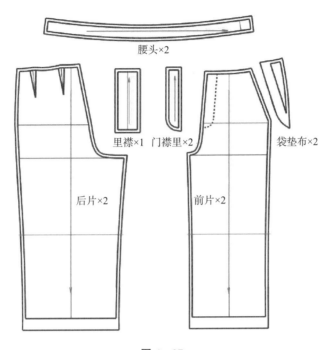

腰头×2

里襟×1　门襟里×2　　　　袋垫布×2

后片×2　　　　前片×2

图4-27

五、立体造型

(1)为塑造合体的曲面效果,在缝合前对裁片作归拔熨烫处理。

(2)缝合时注意对位记号,在中裆、臀围、分割线等处对刀眼。

(3)试衣时对齐前后中心线和腰围线,观察腿造型是否顺畅,褶裥自然,前拉链有绷紧感。

(4)观察整体造型,调节不合理部位,如前后裆缝、侧缝线、裆下缝、前袋,做标记修订纸样(图4-28)。

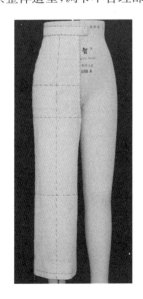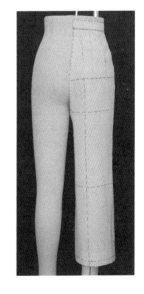

图4-28

第四节　短裤

一、款式分析

低腰超短裤,贴体风格设计,前片月亮弧形口袋,后片腰口收省,后片双嵌线挖口袋,前门襟装拉链(图4-29)。

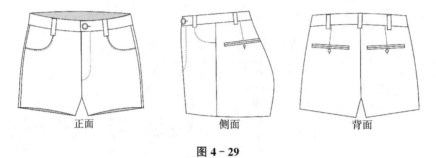

正面　　　　　　侧面　　　　　　背面

图4-29

二、规格设计(160/66A)(单位:cm)

L=0.2G-6=26

W=76(低腰处的腰围)

H=H*+4=94

膝围40基础上截取获得短裤脚口大小

WB=3.5

直裆21

三、结构设计(图4-30)

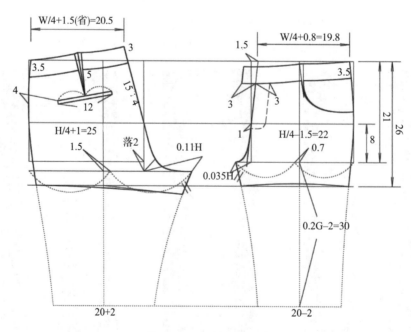

图4-30　短裤结构设计

要点:

（1）低腰结构按低腰处的臀腰差设计前后劈量和省道。

（2）短裤的长短处在裆底和膝围之间的变化区间,前后脚口的设计不稳定,故在短裤制版时,固定膝围尺寸,再依短裤的长短截取短裤脚口,从而得出前后脚口的尺寸。

四、纸样制作(图 4 - 31)

除注明外,其余缝份为 1cm,在坯样制作时,宜留较大缝份,以便于调整。

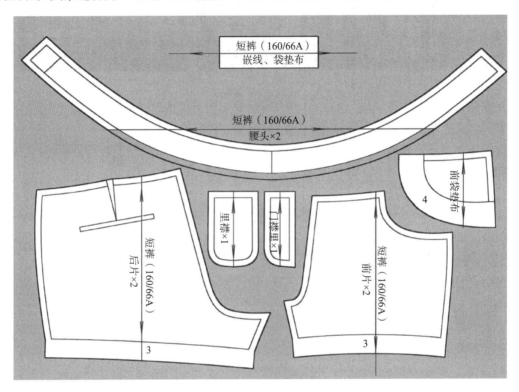

图 4 - 31　短裤纸样

五、立体造型

从人体体表结构分析,裆缝为人体中心线,是一条直线,与纸样中前后上裆缝的弧线关系不相符,为了得到吻合人体结构的立体曲面效果,在进行立体缝制之前,宜对前后裆缝处作归拔处理(图 4 - 32)。

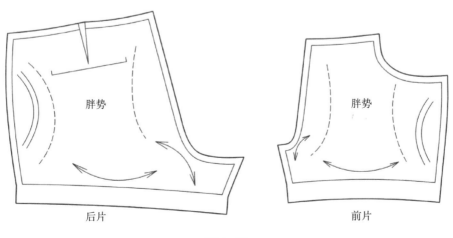

图 4 - 32

归拔处理后的衣片缝合,立体效果如图4-33所示。

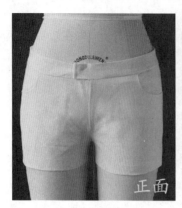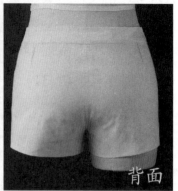

图4-33 短裤立体效果

第五章 女上装原型与立体造型

第一节 女上装原型与人体

原型是服装平面裁剪中的最基础纸样,它是简单的、不带任何款式变化的立体型服装纸样,它能反映人体最基本的体表结构特征。利用服装原型可以在平面裁剪中变化出丰富多样的服装款式。经过国内外服装行业对人体和服装的不断研究深入,服装界出现了各种类型的服装原型,虽然不是所有的原型都能很好地体现服装与人体之间的关系,但是服装技术人员对原型的研究在不断完善之中。本章重点介绍平面女装制版中应用较广泛的四种服装原型:箱形宽腰女上装原型、六腰省女上装原型、四腰省女上装原型以及胸臀四省原型。

一、上半身人体体表结构特点(图5-1)

服装人体体表研究是为了正确处理人体与服装的关系,本节内容只概括表述服装人体最基本的以服装造型为目标出发点的结构特征:

(1)人体左右对称,领窝截面为前倾面。

(2)肩斜度平均20°,前肩斜约22°,后肩斜约18°。

(3)前胸以胸高点为中心呈半球状凸起,肩部呈弓形,以肩骨点为中心凸起。

(4)胸腰差分布复杂(在六省原型中量化)。

(5)人体动态特征包含肩关节、腰关节和人体脊柱的弯曲等。

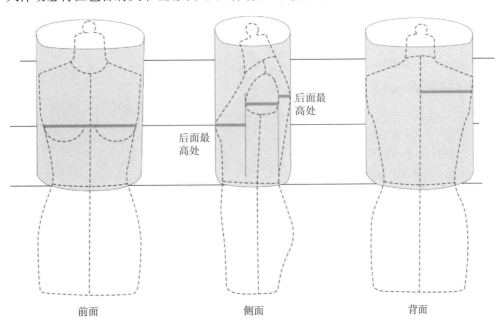

前面　　　　　　　　侧面　　　　　　　　背面

图5-1 上半身人体体表结构

二、上半身人体体表结构与上半身原型(图 5 - 2)

上半身原型是在人体体表结构基础上加放一定的松量,综合考虑动态因素和服装变化的需要而设计的最基础的纸样(图 5 - 2)。

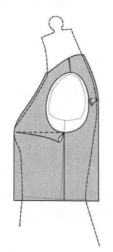 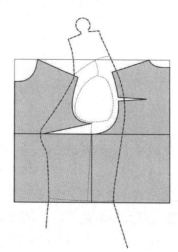

图 5 - 2 上半身原型

第二节 箱形宽腰女上装原型

一、原型特点

它反映了女上装人体胸背的最基本特征,前片以胸高点为省尖设置有反映胸凸量的原型胸省,后片有反映背部肩胛凸起的肩背省,但不设置胸腰差(无腰省),属松腰型较合体原型,胸围松量 12cm,适合于直身型、宽松型服装的服装制版。

二、制图规格设计(单位:cm)

按目前我国成年女子中间体 160/84A 加入适当松量构成。

胸围:$B=B^*+松量=84+12=96$

腰围:$W=96$

臀围:$H=96$

肩宽:$S=0.25B+14=0.25 \times 96+14=38$

背长=$0.25G-2.5=0.25 \times 160-2.5=37.5$

领围:$N=B^*/4+18=38$,前横开领:$N/5-0.5$,前直开领:$N/5$,后横开领:$N/5$,后直开领为后横开领约 1/3 即 $N/5/3=2.5$

前肩斜为 15:6,后肩斜为 15:5

三、原型制版(图 5 - 3)

(1)制图胸围为成品胸围 B/2=48cm,前后胸围相等。

(2)基础胸省按照 15:4 的角度,背省大小为 1.5cm。

(3)系列规格参考尺寸表(表 5 - 1)。

表 5 - 1 尺寸表　　　　　　　　　　　　　　　　单位:cm

号型	成品胸围	制图胸围	肩宽	领围	背长
155/80A	92	92	38	37	37
160/84A	96	96	39	38	38
165/88A	100	100	40	39	39

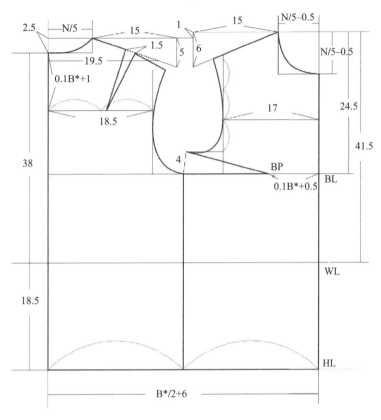

图 5 - 3　箱形宽腰女上装原型制版

四、立体造型(图 5 - 4)

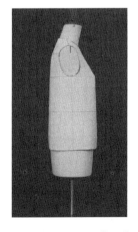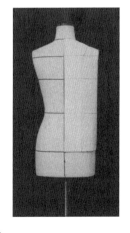

图 5 - 4　箱形宽腰女上装立体造型

第三节　六省胸腰臀原型

一、原型特点

六省胸体臀原型,较贴合人体,实用性强,服装制版上可切展变化成各种女装款式。

二、制图规格设计(单位:cm)

按 160/84A 在上衣原型和裙装原型的基础上进行。

制图胸围:B＝96

腰围:B－W＝20(本案例按此腰臀差绘制,在实际应用中可按比例计算腰臀差。)

肩宽:S＝39

背长＝38

领围:N＝38,前横开领:N/5－0.5,前直开领:N/5－0.5,后横开领:N/5,后直开领为后横开领约1/3,即 N/5/3＝2.5

前肩斜为 15:6,后肩斜为 15:5

三、原型制版(图 5－5)

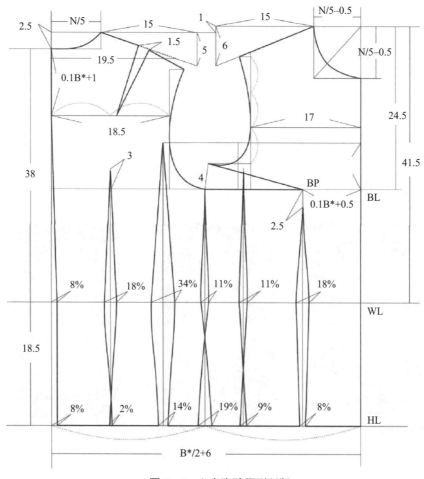

图 5－5　六省胸臀原型制版

四、系列规格参考尺寸表(表5-2)

表5-2　尺寸表　　　　　　　　　　　　　　　　　　　　　单位:cm

号型	成品胸围	制图胸围	肩宽	领围	背长	腰长
155/80A	88	92	38	37	37.5	18
160/84A	92	96	39	38	38.5	18.5
165/88A	96	100	40	39	39.5	19

第四节　四省胸腰臀原型

一、原型特点

四省胸体臀原型,可通过六省原型剪切处理而成(图5-6),符合大多数服装款式的特点,较贴合人体,实用性强,服装制版方便快捷,比较符合企业的实际操作。

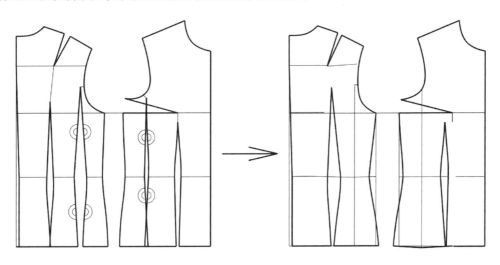

图5-6　四省胸腰臀原型特点

二、制图规格设计(单位:cm)

按160/84A在四省原型和裙装原型的基础上进行。

制图胸围:$B=B^*+$松量$=84+12=96$

腰围:$B-W=20$(本案例按此卡腰量绘制,在实际应用中可按比例计算卡腰量。)

肩宽:$S=0.25B+15=0.25×96+15=39$

背长$=0.25G-1.5=0.25×160-1.5=38.5$

领围:$N=B^*/4+17=38$,前横开领:$N/5-0.5$,前直开领:$N/5$,后横开领:$N/5$,后直开领为后横开领约1/3,即$N/5/3=2.5$

前肩斜为15:6,后肩斜为15:5

三、原型制版(图5-7)

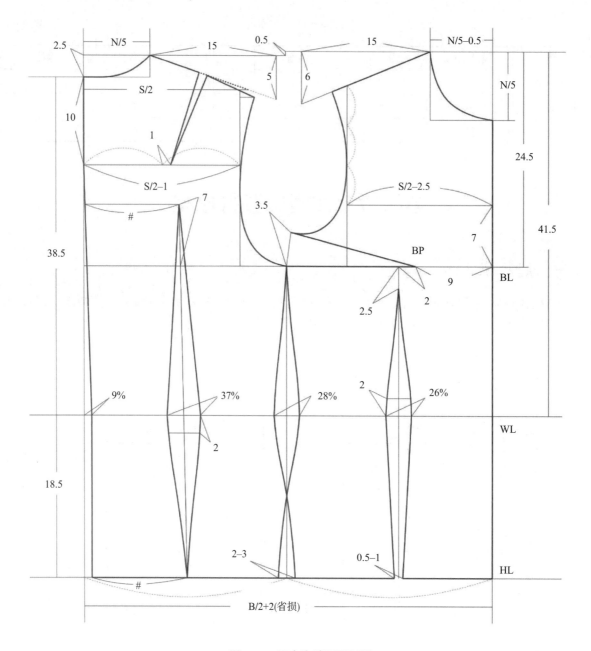

图5-7 四省胸臀原型制版

四、系列规格参考尺寸表(表5-3)

表5-3 尺寸表

号型	成品胸围	制图胸围	肩宽	领围	背长	腰长
155/80A	88	92	38	37	37.5	18
160/84A	92	96	39	38	38.5	18.5
165/88A	96	100	40	39	39.5	19

五、立体造型(图 5 - 8)

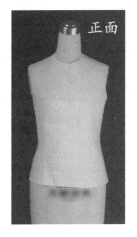

图 5 - 8　四省胸臂原型立体造型

第五节　原型的应用

一、胸省转移应用

在女装结构设计中,胸省存在的形式多样,常见的胸省转移方式图解如下:
(1) 胸省的转移,围绕胸高点常见的胸省有腋下省、袖窿省、肩胸省、领胸省、腰胸省、门襟省等(图 5 - 9)。

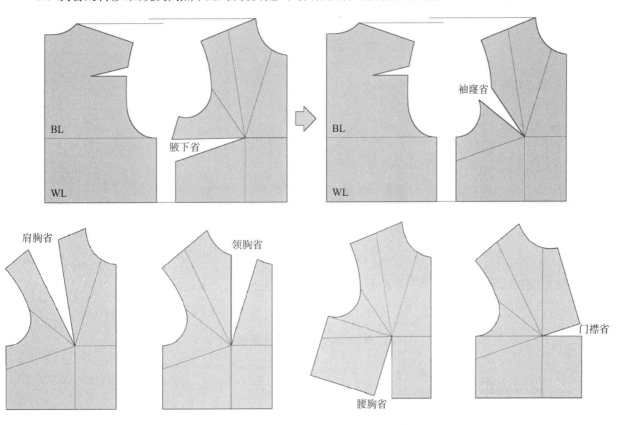

图 5 - 9　胸省的转移

（2）胸省转移至袖窿松量（图5-10）。

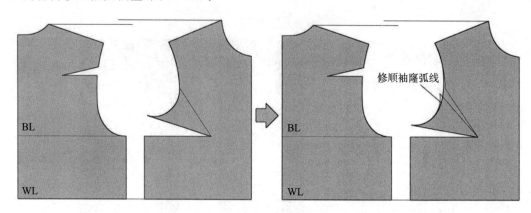

图5-10　胸省转移至袖窿松量

（3）胸省转移至门襟，以撇胸的形式出现（图5-11）。

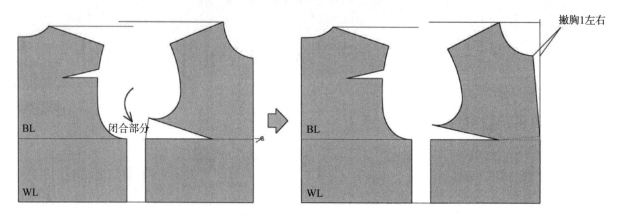

图5-11　胸省转移至门襟

（4）胸省转移至下摆，以前片下放的形式出现（图5-12）。

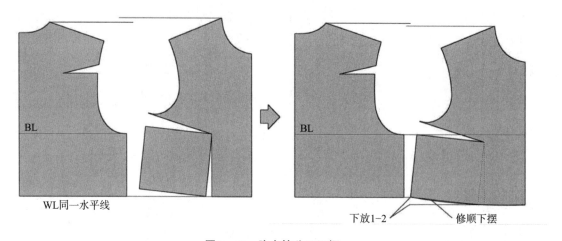

图5-12　胸省转移至下摆

二、胸腰省组合设计

在女装设计中，具有腰线分割线的卡腰结构设计时，常用胸腰省组合设计，以下以四省卡腰原型为例进行设计：

（1）胸腰省合并转移至胸高点下方腰省处：将胸省转移至腰省处，然后修正省道，省尖点离胸高点2.5cm（图5-13）。

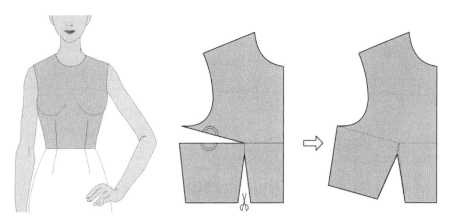

图5-13　胸腰省合并转移至胸高点下方腰省

（2）直刀背公主线：将胸省转移至肩胸省处，然后修正省道，省尖点离胸高点3cm画顺分割线（图5-14）。

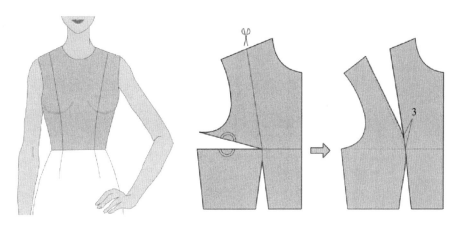

图5-14　直刀背公主线转移

（3）弧形公主线：将胸省转移至袖窿处，然后修正省道，省尖点离胸高点2cm画顺分割线（图5-15）。

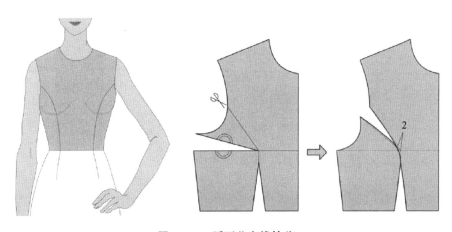

图5-15　弧形公主线转移1

（4）弧形公主线：将胸省腰省转移弧形分割线（图 5 - 16）。

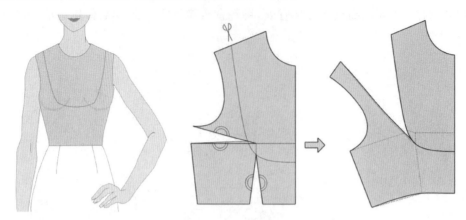

图 5 - 16　弧形公主线转移 2

（5）胸颈装饰褶：胸省、腰省转移至领口，减小省道长度，增加面料松量，形成装饰褶裥形式（图 5 - 17）。

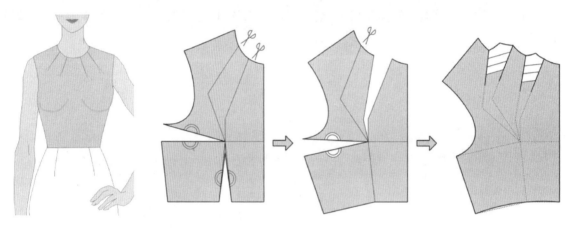

图 5 - 17　胸颈装饰褶转移

（6）单肩褶：按效果图褶裥走向作剪开辅助线，连接至胸省、腰省省尖，减小省道长度，可增加面料松量和扩大褶量，将胸省、腰省转移至单肩褶处，画顺相关线条，单肩褶效果图、结构转移过程如图 5 - 18 所示，在立体造型时，注意适当褶裥处多留缝份，并整理好褶裥造型效果。

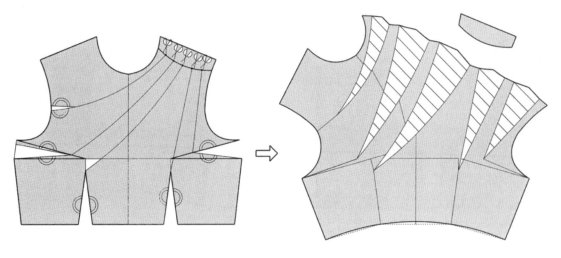

图 5 - 18　单肩褶转移

三、肩省转移应用

在女装结构设计中,肩省存在的形式多样。常见的肩省的转移图解如下:
(1) 肩省的转移,围绕肩骨点常见的肩省有袖窿省、肩背省、领口省等(图 5 - 19)。

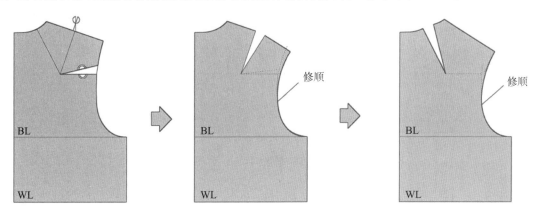

图 5 - 19　常见的肩省

(2) 胸省转移至袖窿松量(图 5 - 20)。

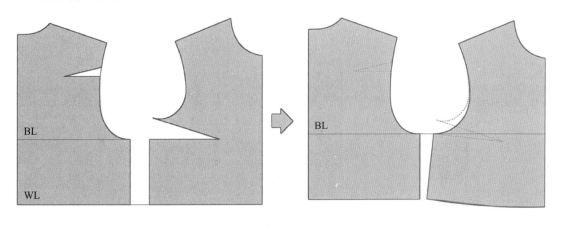

图 5 - 20

（3）转移至下摆，以宽松下摆造型的形式出现，常见于 A 字形和波浪形下摆的服装（图 5-21）。

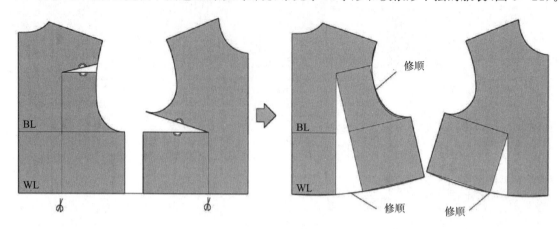

图 5-21

（4）转移部分至肩缝作为缩缝的形式出现，缩缝的大小与款式和面料属性有关（图 5-22）。

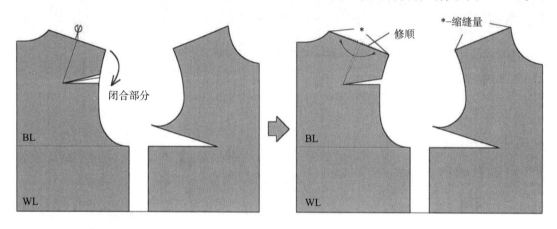

图 5-22

四、肩腰省组合设计

在女装设计中，具有腰线分割线的卡腰结构设计时，常用肩腰省组合设计，以下以四省卡腰原型为例进行设计应用：

1. 直刀背后公主线（图 5-23）

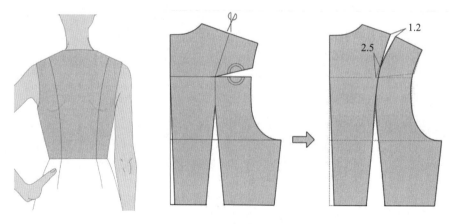

图 5-23

2. 后肩克结构(图 5 - 24)

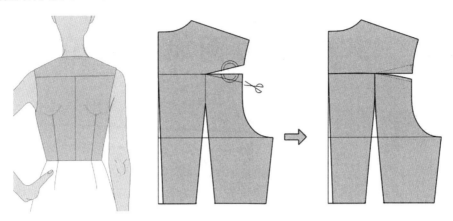

图 5 - 24

第六章 女衬衫结构设计与立体造型

第一节 基本款女衬衫

一、款式特征

较合体女衬衫,前后收腰省,前片收侧胸省,燕尾形下摆;单门襟五粒扣,翻立领,带袖克夫长袖(图6-1)。

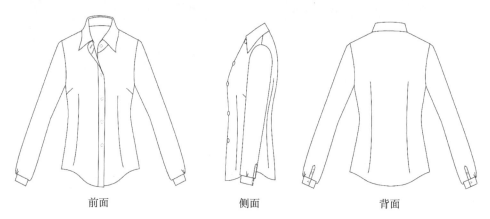

前面　　　　　　　　侧面　　　　　　　　背面

图6-1　基本款女衬衫款式特征

二、人体测量与规格设计(160/84A)(单位 cm)

$L=0.3G$(身高)$+a$(款式参数)$=0.3×160+9=57$

$B=B^*+8=84+8=92$(较贴体)

注:衣身宽松程度与胸围放松量的关系 $B=B^*+0\sim8$(贴体);$B=B^*+8\sim12$(较贴体);$B=B^*+12\sim20$(较宽松);$B=B^*+20cm$ 以上(宽松)。

$S=0.25B+b$(款式参数)$=0.25×92+15=38$

$N=0.25B+c$(款式参数)$=0.25×92+13=36$

袖长 $SL=0.3G+10=0.3×160+10=58$

$BLL=0.2B+5-6=0.2×92+5.6=24$

三、制版原理(图6-2)

以四省胸臀原型为基础进行结构设计。

(1)肩省量主要作为袖窿宽松量,转入约 0.3cm 至后小肩作为缩缝。

(2)胸省分为三部分:下放 1cm,余下 1/3 作为袖窿松量,2/3 作为胸省量。以原型操作后的结构线为基础,绘制女衬衫前、后片基础线,前中心放出 1.5cm 叠门量。

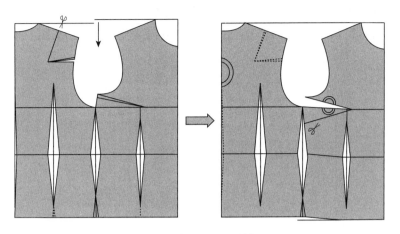

图 6-2　基本女衬衫制版原理

四、基本女衬衫结构图

1. 衣身结构图(图 6-3)

消除后浮余量:后肩缝缩缝 0.2cm 左右,1.4cm 左右放入袖窿作为宽松量。

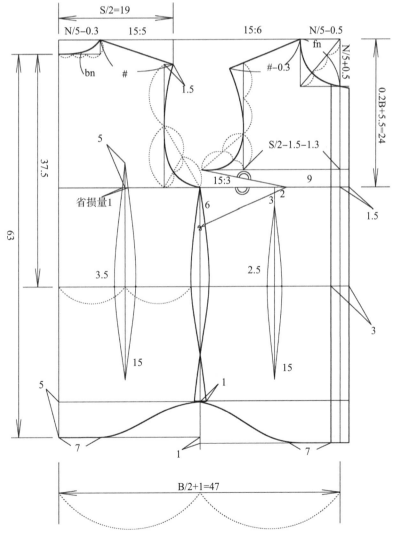

图 6-3　衣身结构图

消除前浮余量:下放 1～1.5cm,约 3cm 作为省道转移至腋下省。

前片胸省转移过程:将基础胸省转移至腋下,修正省道,省尖回调 3.5cm(图 6-4)。

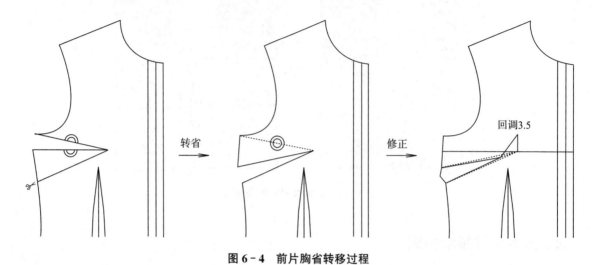

图 6-4 前片胸省转移过程

2. 衬衫领结构图

衬衫领由立领和翻领两部分构成,其作图方法如图 6-5 所示。

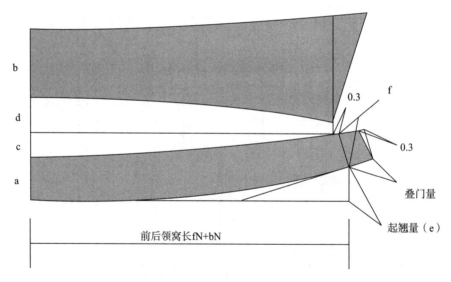

图 6-5 衬衫领结构图

a 为后领座高,一般为 2.5～3cm。b 为翻领高度,防止装领线外露,一般 b=a+1～1.5cm。c 为起翘量,d 为下落量,c 小于 d。e 为领嘴起翘量,一般为 1.5～2.5cm。f 为前领座高,领座前低后高,故 f=a-0.3～0.5cm。

对于起翘量 c 和下落量 d 的关系来说,随着 d 的增大,翻领外口处的松量就越大,当领座高 a 和翻领 b 之间的差值越大时,d 就变得越大。另外,如果领座与衣身领口缝合时前中心下落较大,则前领座起翘量也随之增大。

本例中衬衫领结构如图 6-6 所示。

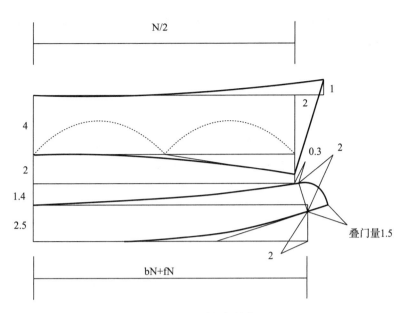

图 6 - 6　衬衫领结构

3. 衣袖结构图(图 6 - 7、图 6 - 8)

(1)复描衣身袖窿,闭合胸省,在侧缝线上延伸,按前后平均袖窿深 3/4 左右定袖山高。

(2)考虑衬衫袖山吃势量小于 1cm,按 FAH-1cm,BAH-0.8cm,绘制前后袖山斜线。

(3)袖山弧线画法:对称拷贝前后袖窿弧线,如图在后袖肥线中点外偏 1cm 向复制的后袖窿弧线作公切线,在前袖肥线中点外偏 0.5cm 向复制的前袖窿弧线作公切线,以复制的前后袖窿弧线、袖山公切线和袖山顶点绘制袖山弧线,画顺并测量前后袖山弧长是否与袖窿弧长配套,画顺调整(图 6 - 7)。

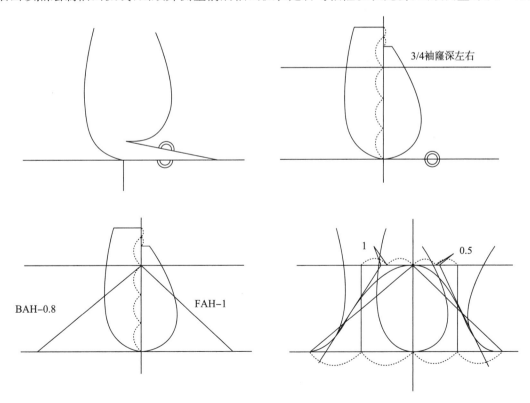

图 6 - 7

　　（4）绘制袖身结构：前后袖肥宽向下作辅助线,袖克夫与袖肥的差作为袖口两端劈量和袖中褶裥量,考虑袖身的前倾性,袖口后劈量大于袖口前劈量(图6-8)。

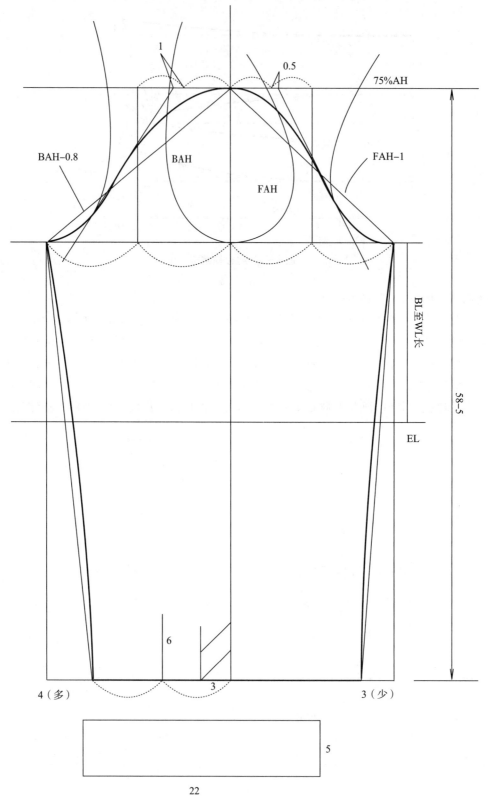

图6-8　袖身结构

五、纸样制作

以下缝份与标注按暗包缝工艺,未注明部分为 1cm(图 6 - 9)。

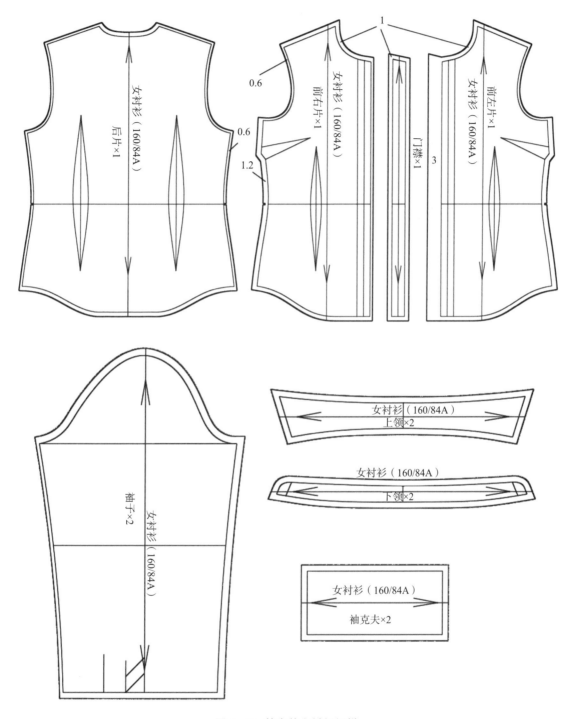

图 6 - 9　基本款女衬衫纸样

　衬衫扣位:领座与大身上扣位处于同一竖直线上,第一扣距可比大身扣距少 1~2cm,末扣位离底边距离一般大于一个扣距,小于两个扣距。门襟上锁扣眼,里襟上钉扣子,里襟比门襟叠门量少 0.5cm 左右(图 6 - 10)。

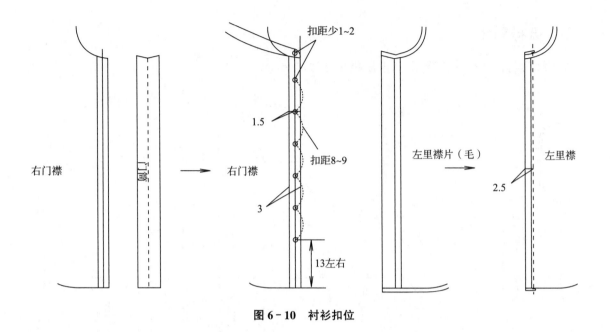

图 6-10 衬衫扣位

六、坯布样衣

衬衫袖子为一片直身袖结构,着装有一定的前摆量,绱袖角度较大,袖山吃势量依面料控制在1cm左右(图6-11)。

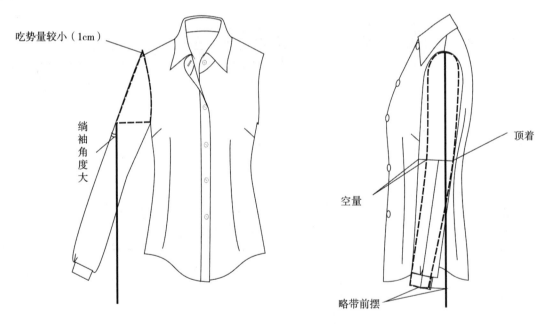

图 6-11 基本款女衬衫结构坯布样衣

在坯布样衣缝合前,可对裁片进行归拔处理,立体缝合样衣后,重点对以下部位进行修正调整:

(1)胸部饱满有胖势,收腰圆顺流畅,背部服贴,袖山头必须圆顺。

(2)衬衫领面平服,正口要有窝势,不向外翘,松紧适宜,不露装领线,后中处翻折量在0.5cm左右。

(3)门襟要求顺直,平服,不反吐,长短一致。

(4)袖子要向前倾,绱袖子要求袖山基本无吃势,袖窿一圈圆顺。

以下为1/2教学人台展示的成品效果(图6-12)。

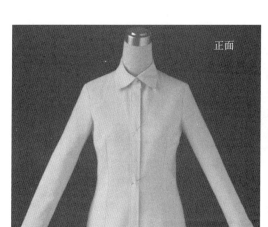
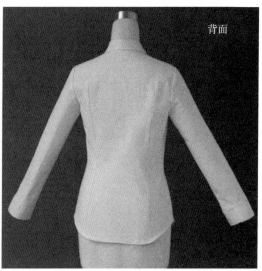
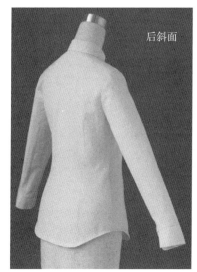
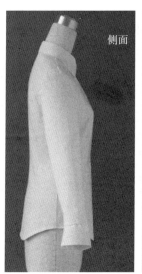
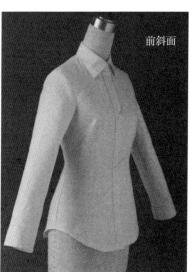

图 6 - 12

第二节　翻领短袖女衬衫

一、款式分析

较合体,收腰省,前片收袖胸省,平下摆;单门襟五粒扣、平翻领、领角造型呈方角,短袖(图 6 - 13)。

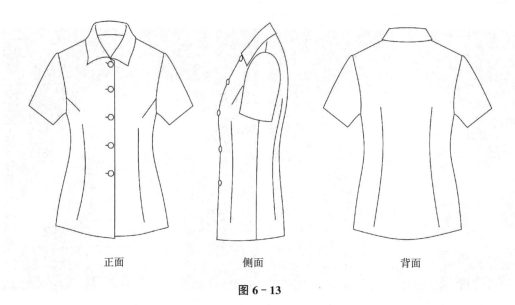

正面   侧面   背面

图 6 - 13

二、人体测量与规格设计(160/84A)(单位:cm)

$L = 0.3G(身高) + a(款式参数) = 0.3 \times 160 + 9 = 57$

$B = B^* + 8 = 84 + 8 = 92(较贴体)$

$S = 0.25B + b(款式参数) = 0.25 \times 92 + 15 = 38$

$N = 0.25B + c(款式参数) = 0.25 \times 92 + 13 = 36$

袖长 $SL = 0.1G + 1 = 0.1 \times 160 + 1 = 17$

$BLL = 0.2B + 5-6 = 0.2 \times 92 + 5.6 = 24$

三、制版原理

以四省胸臀原型为基础进行变化(图 6 - 14):

(1)肩省量作为袖窿宽松量和少量后肩线缩缝。

(2)胸省分为三部分:下放 1cm,余下 1/3 作为袖窿松量,2/3 作为袖胸省量。以原型操作后的结构线为基础,绘制女衬衫前、后片基础线,前中心放出 1.5cm 叠门量。

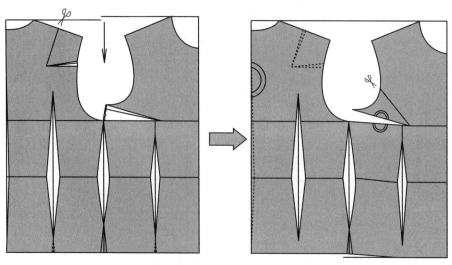

图 6 - 14

四、结构设计

1. 衣身结构与基本款女衬衫类似(图 6-15)

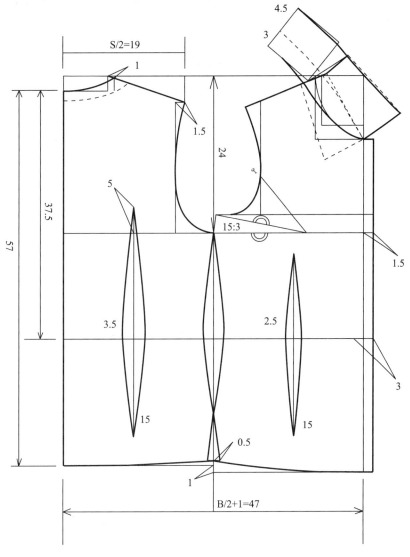

图 6-15

袖胸省转移的步骤如图 6-16 所示。

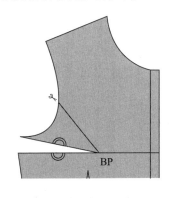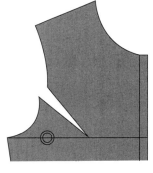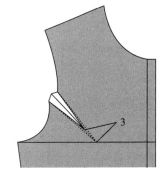

图 6-16

2. 翻领结构设计步骤

（1）翻折线为直线形翻领，设翻领总高 7.5cm，其中领座高 a＝3cm，翻领高 b＝4.5cm（图 6-17）。

（2）在前肩颈点（基础领窝开大 1cm）顺肩线延长 0.7a 作为翻折基点，如图 6-17 绘制前领造型。

（3）在后肩颈点（基础领窝开大 1cm）顺肩线取 b−0.7a，在后领窝中点向下取翻领与领座高差 b−a，画顺作为后领外沿线（图 6-18）。

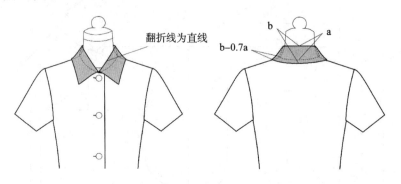

图 6-17

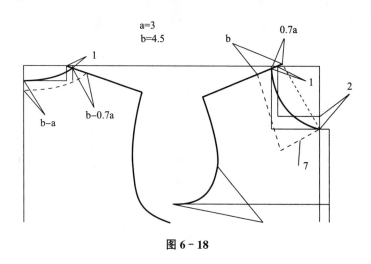

图 6-18

（4）将前领造型以翻折线为对称线复制，以对称点向肩线上引 a＋b 长为半径，以后领外沿线与后领窝的差♯－＊弦长绘制等腰三角形（图 6-19）。

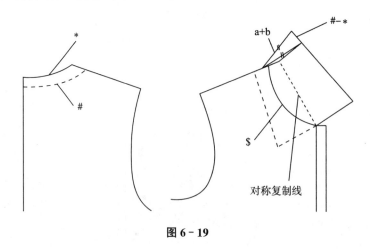

图 6-19

（5）以等腰三角形 a＋b 为一条边，以后领窝长 ＊ 为另一边绘制矩形，画顺。调整领型，保证下领口

长为前后领窝长 \$＋＊（图6-20）。

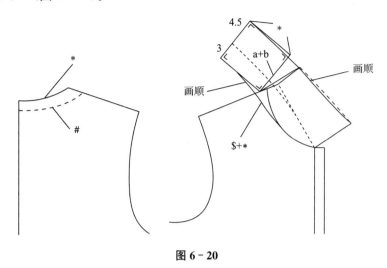

图6-20

3. 短袖结构设计

（1）闭合袖窿省，复描衣身袖窿，按前后平均袖窿深3/4左右定袖山高。

（2）考虑衬衫袖山吃势量小于1cm，按FAH－1cm，BAH－0.8cm，绘制前后袖山斜线（图6-21）。

（3）参考长袖袖山弧线画法绘制短袖袖山弧线，并测量前后袖山弧长是否与袖窿弧长配套，画顺调整。

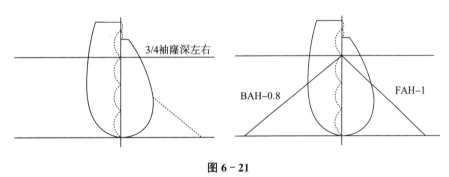

图6-21

（4）绘制袖身结构，检验缝合后袖口、袖山是否圆顺（图6-22）。

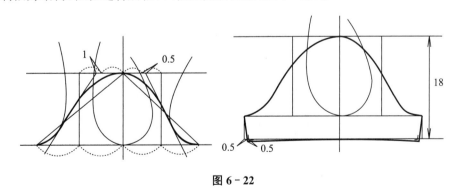

图6-22

五、纸样制作

按平缝工艺放缝，未注明部分为1cm，前片右门襟可比左里襟多0.5～1cm缝份。在试样修正时，缝份要适当加大，便于调整。衣领烫衬部位，毛缝可适当加大，画样缝制时再作修剪（图6-23）。

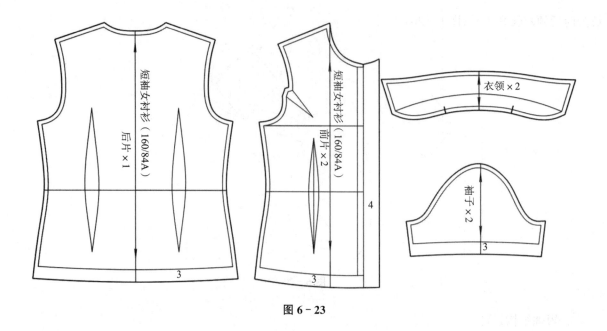

图 6-23

六、立体造型

在坯布样衣缝合前,可对裁片进行归拔处理,立体缝合省尖宜尖而顺,重点对以下部位进行修正调整:

(1)胸部饱满有胖势,收腰明显,背部服贴,有曲面效果。

(2)衬衫领面平服,止口要有窝势,不向外翘,松紧适宜,不露装领线。

(3)门襟要求顺直,袖子有前势,袖窿一圈画圆顺(图 6-24)。

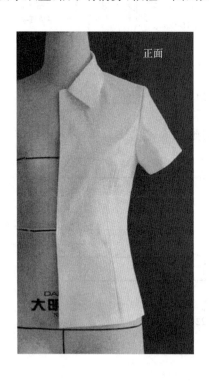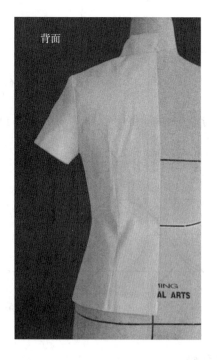

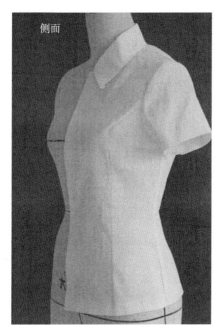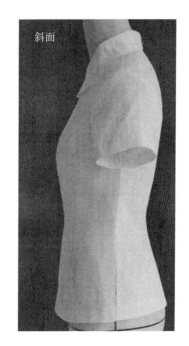

侧面　　　　　　　　斜面

图 6 - 24

第三节　袖型的造型变化

本节重点介绍三种常见褶裥袖(图 6 - 25)。

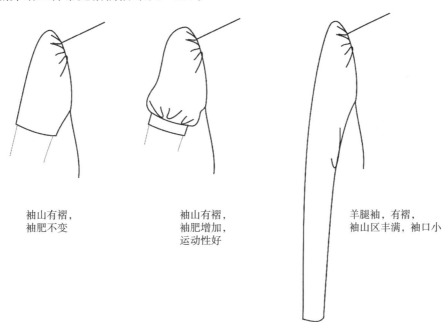

袖山有褶，
袖肥不变

袖山有褶，
袖肥增加，
运动性好

羊腿袖，有褶，
袖山区丰满，袖口小

图 6 - 25

一、泡泡袖

(一)款式分析

袖山有褶的泡泡袖,袖肥不增加,运动功能较小。在袖山高 2/3 处展切,袖山底部成型。

（二）结构变化过程

在普通袖的基础上，在袖山高 1/3 处将袖山弧线切展，达到增加袖山高、增加褶裥量、不改变袖山底弧线的目的（图 6-26）。

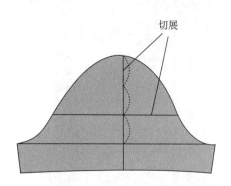 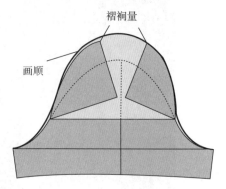

图 6-26

（三）立体造型

为了使泡泡袖褶裥部分富有立体感，在裁片缝制时，宜将袖山褶裥做立体化处理，即褶裥做成三角形（图 6-27、图 6-28）。

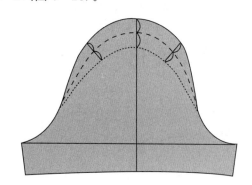 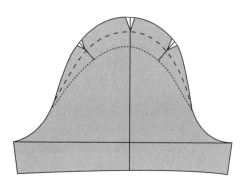

图 6-27

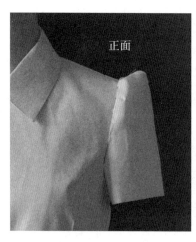 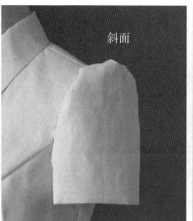 

图 6-28

二、灯笼袖

（一）款式分析

袖山有褶，袖肥加大，运动功能好的泡泡袖。

（二）结构作图过程

　　将袖山高三等分，从袖肥中处切展 4～8cm，从袖山高 1/3 处开始追加袖山饱满量 3～5cm，在后袖口追加 3～5cm 饱满量并画顺，抽褶接上袖克夫形成灯笼造型（图 6 - 29）。

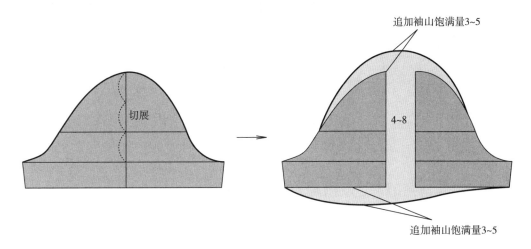

图 6 - 29

（三）立体造型（图 6 - 30）

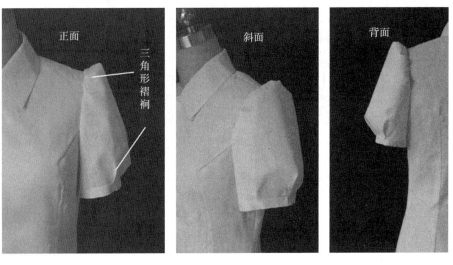

图 6 - 30

三、羊腿袖

（一）款式分析

增大袖肥，袖山增加褶裥，而袖口较小的袖型。

（二）结构作图过程（图 6 - 31）

（1）先绘制带袖肘省的袖身作为基本袖结构。

（2）合并袖肘省，沿袖中线和袖肘省连接线切展。

（3）沿袖中线和袖肘省连接线进一步切展。

（4）追加袖山饱满量，画顺袖山弧线和袖身线。

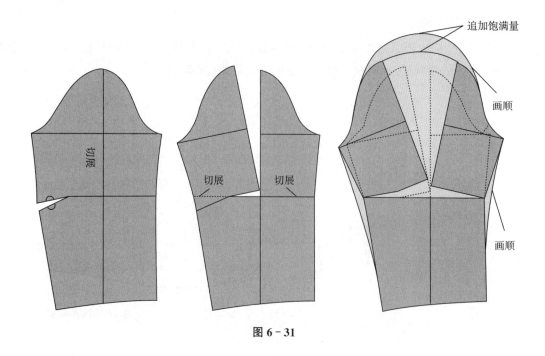

图 6 - 31

（三）立体造型（图 6 - 32）

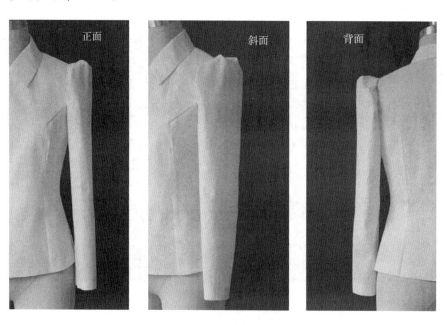

图 6 - 32

四、喇叭袖

（一）款式分析

袖口较大，袖身造型呈喇叭形。

（二）结构作图过程（图 6 - 33）

将较贴体基本袖袖肥等分切展，并在侧缝处追加一定的量，画顺袖山弧线。

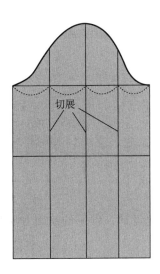
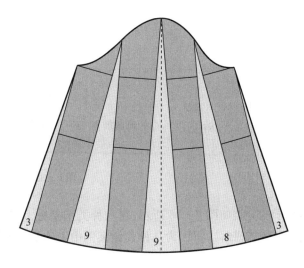

切展

图 6 - 33

（三）立体造型（图 6 - 34）

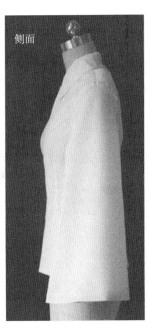
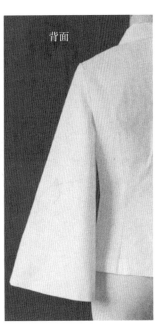

正面　　　侧面　　　背面

图 6 - 34

第四节　领型的造型变化

领子的设计在人体工学上与颈部的长度、围度、粗细变化规律、脖颈的倾斜角度、肩倾斜度及脖颈的运动功能相关。领子与人体脖颈的关系如图 6 - 35 所示。

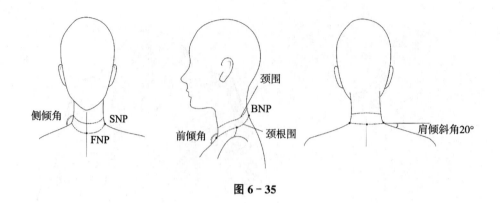

图 6 - 35

基本领子的分类如图 6 - 36 所示,在六种类型基础上可进行变化设计。领子的制版方法与原理在本书案例中分款式讲解。下面为几种其他案例中未涉及领型的制版。

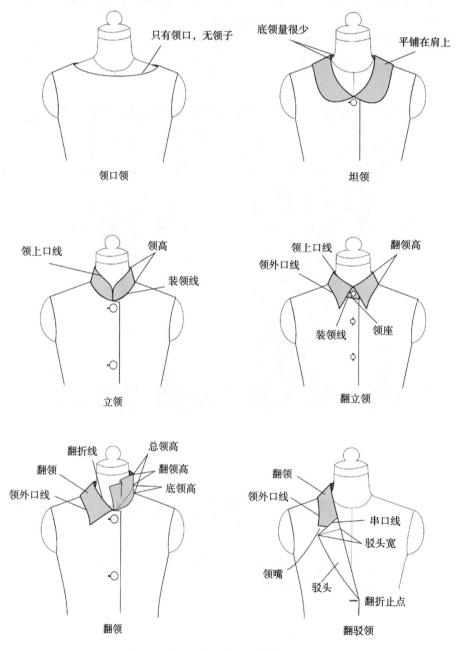

图 6 - 36 领子的分类

一、基本坦领

（一）款式特征

坦领为底领量很少、平铺在肩部区域的领型（图 6-37）。

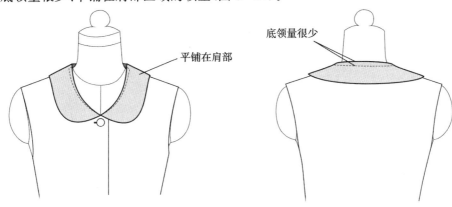

图 6-37

（二）结构设计

（1）将原型领窝开大 0.5cm 或以上，前领口根据造型需要开大（图 6-38）。

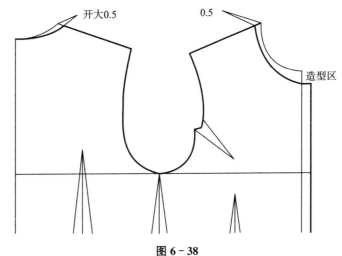

图 6-38

（2）将前后衣片以肩颈点为基点，前后肩线重合 3~4cm，此时领座约为 0.8~1cm（重合较少时，易露装领线，重合较多，领座会变高），领下口线略短于领窝线，装领时拔开，领面平服，前领口点下落 0.5cm，弧度比领窝线稍直，保证前装领点不外露（图 6-39）。

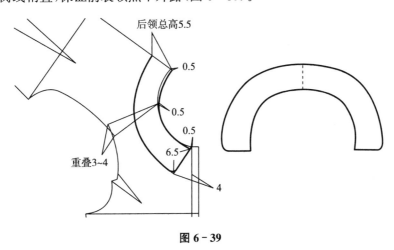

图 6-39

二、波浪领

(一) 款式特征

底领量很少、平铺在肩部区域呈波浪造型(图6-40)。

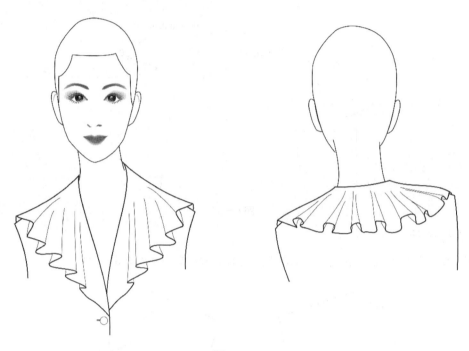

图6-40

(二) 结构设计

(1) 按波浪领轮廓线绘制结构图,注意前领口造型区领窝按设计开低,画顺。其他参照基本坦领结构作图方法。

(2) 根据波浪的大小和分布作切展辅助线,按相同角度切展后画顺领内口线和外沿线,此时,检查领内口线比领窝线短(1cm左右),绱领时拔开(图6-41)。

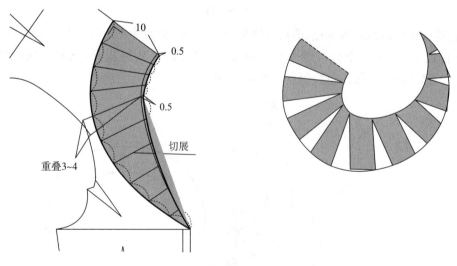

图6-41

三、蝴蝶结领

（一）款式特征

属于立领的变化类型，在立领的领前端放出扎蝴蝶结所需的长度和宽度（图 6 - 42）。

图 6 - 42

（二）结构设计

（1）在前后片基础领窝上确定领窝的开大量和装领止点扎蝴蝶结的松量。

（2）蝴蝶结领由上领区（＊＋♯）、扎结区（3cm）、扎蝴蝶结区组成，其中扎蝴蝶结区的宽度和长度依造型需要调整，可试验后确定（图 6 - 43）。

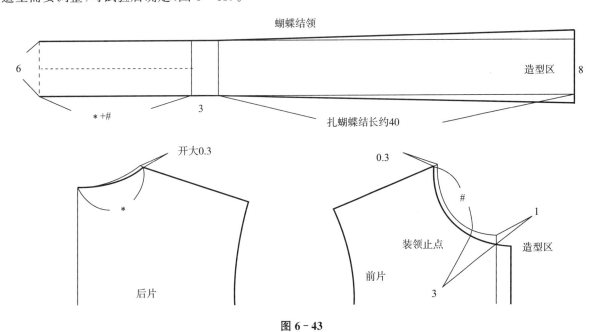

图 6 - 43

第五节　A形女衬衫

一、款式特征

衬衫廓型呈A字形,套头结构,后开口便于穿脱,开口长度在8~9cm,应确保能大于56cm头围;

衬衫领前后有领角造型,呈方角;

袖子为超短泡泡袖,袖窿深在胸围线以上1cm左右,避免露出腋窝(图6-44)。

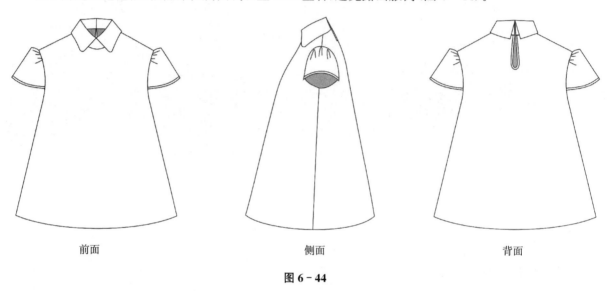

前面　　　　　　　　　　　　　侧面　　　　　　　　　　　　　背面

图6-44

二、规格设计(160/84A)(单位:cm)

后中长 $L=0.4G\pm a=0.4\times160-5=59$

制图胸围 $B=B^*+12=84+10=94$

制图肩宽 $S=0.25B+15=39$(在肩宽39基础上泡泡袖A形廓型减4,成品35)

成品 $W=106$

成品下摆围124

成品袖长 $SL=12$

三、结构设计(图6-45)

1. 衣身结构设计

要点:按未切展状况进行结构设计,切展以后,后胸围会适当增大。

(1)肩宽、背宽、胸宽按基本结构设计,便于掌握造型,泡泡袖、A形肩在此基础上收窄2cm。

(2)下摆展开的过程,基础胸省和肩省会折叠大部分,小部分作为松量存在,修顺袖窿(图6-46)。

当下摆继续增大时,在胸宽线、背宽线处切展(图6-47)。

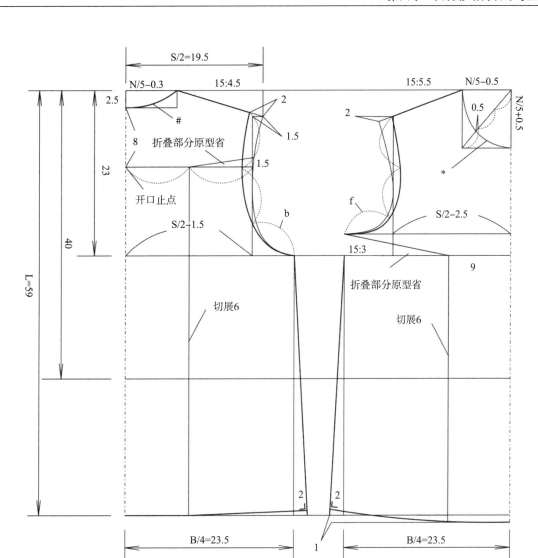

图 6－45

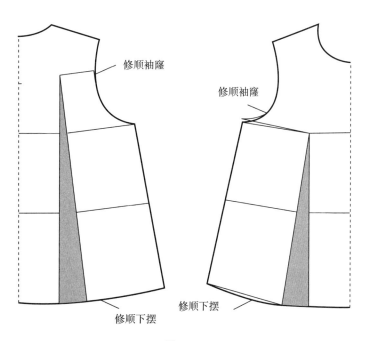

图 6－46

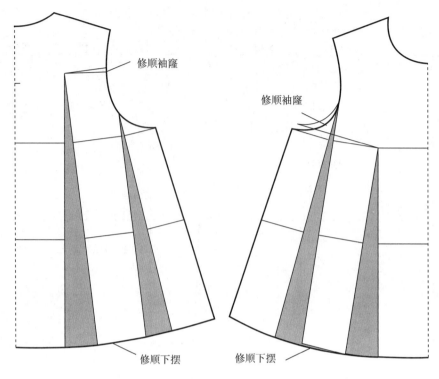

图 6－47

2. 衬衫领结构(图 6－48)

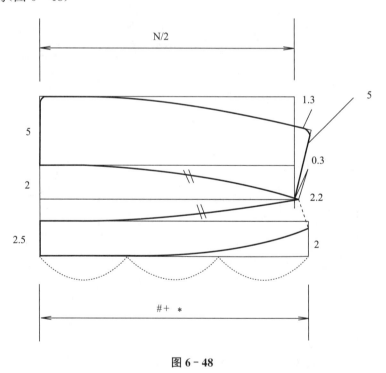

图 6－48

3. 超短袖结构设计

按袖子基本作图法作出袖山结构,在前后袖窿各 1/3 处作为超短袖的长度,以袖长的 1/3 作泡泡袖的切展,形成超短泡泡袖结构(图 6－49)。

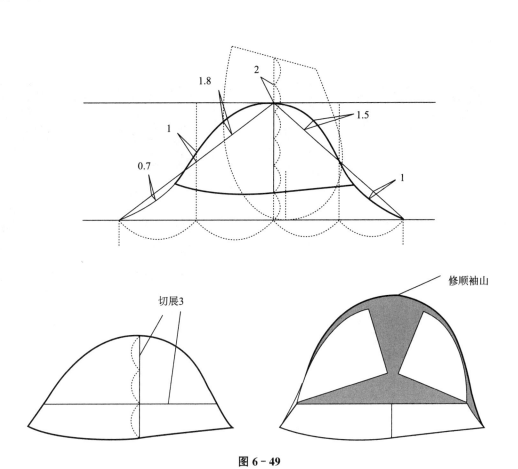

图 6 - 49

四、纸样制作

未标注部分为 1cm, 滚条布未列入(图 6 - 50)。

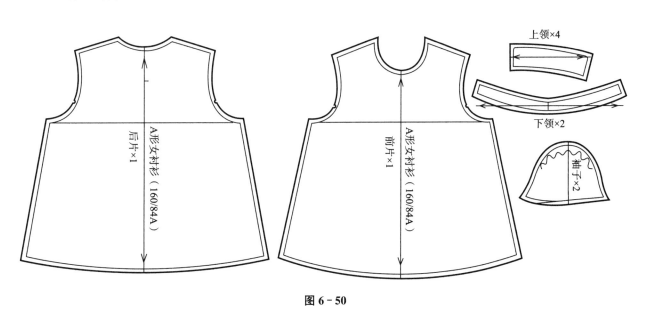

图 6 - 50

五、立体造型(图6-51)

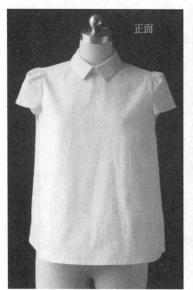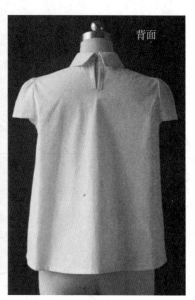

图 6-51

第六节　落肩袖宽松女衬衫

一、款式特征

衬衫廓型呈宽松的 H 形,衬衫领领角造型呈方角;落肩袖带袖克夫长袖,适合牛仔面料或棉麻休闲面料(图6-52)。

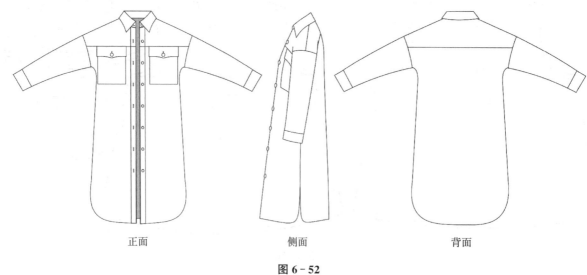

正面　　　　　侧面　　　　　背面

图 6-52

二、规格设计(单位:cm)

按160/84A宽松风格进行规格设计:

后中长 L=0.5G+13=0.5×160+13=93

成品 B=B*+34=84+34=118

成品 S=60(在基本肩宽38基础上落肩到60)

成品 SL=46(在基本袖长57基础上减去落肩量11为46)

三、原型应用

应用宽腰型箱形原型,放大胸围松量,肩省作为袖窿松量,胸省下放1cm,其余作为袖窿松量(图6-53)。

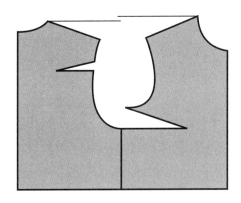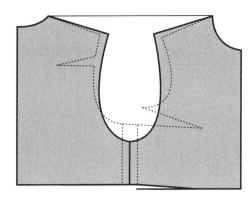

图 6-53

四、结构设计

1. 落肩袖的设计原理(图6-54)

(1)平面结构落肩袖:直接延长肩线形成袖中线的结构,袖子为完全的平面式结构,从运动功能出发,在结构设计时增加胸围和袖肥尺寸,落肩量大,袖山高为0。

(2)立体结构落肩袖:在肩袖点向下以一定角度绘制袖中线的结构,袖子有立体结构,从运动功能出发,在结构设计时增加胸围和袖肥尺寸,袖中线与肩线的夹角控制在10:3左右(如图所示),以便于手臂运动。

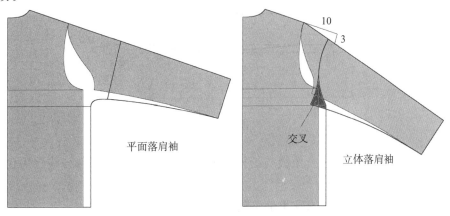

图 6-54

在本例中按平面结构落肩袖绘制。

（1）衣身结构设计：按宽松风格进行结构设计，袖窿深可依效果图确定（取 28cm），前后胸围、腰围、臀围相等处理，注意画顺侧缝和袖下缝线，画顺下摆开衩造型（图 6-55）。

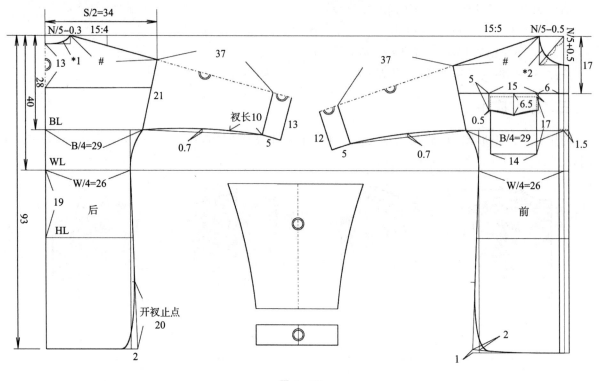

图 6-55

带袋盖口袋设计时，袋盖尺寸宽度依布料厚度增加 0.3～0.5cm。

（2）衣领结构设计：休闲式中性化衬衫，按男装式衬衫领作图（图 6-56）。

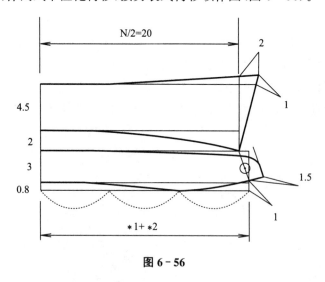

图 6-56

（3）纸样制作：依据缝制工艺进行放缝与纸样技术规定的标注，本样衣部分线缝为包缝工艺，图中未注明部分缝份为 1cm（图 6-57）。

（4）着装效果：休闲宽松风格试衣注重整体效果和廓型的表达（图 6-58）。

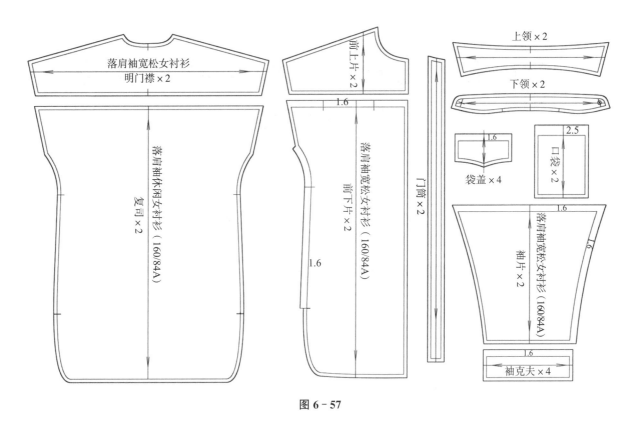

图 6-57

五、立体造型(图 6-58)

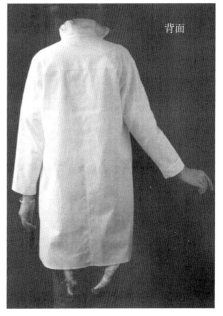

图 6-58

第七章 连衣裙(裤)结构设计与立体造型

第一节 连衣裙分类

合理的连衣裙分类便于制版原理的应用。按腰围剪接方式分类如下:

$$分类\begin{cases}剪接式腰围\begin{cases}高腰剪接式\\中腰剪接式\\低腰剪接式\end{cases}\\无剪接式腰围:收腰式、扩展式、直腰式\end{cases}$$

(1) 剪接式腰围可分为高腰剪接式、中腰剪接式、低腰剪接式(图7-1)。

高腰剪接式   中腰剪接式   低腰剪接式

图 7-1

(2) 无剪接式腰围可分为收腰式、扩展式、直腰式(图7-2)。

| 卡腰式 | 扩展式 | 直腰式 |

图 7 - 2

第二节　背心式连衣裙

一、款式特征

无领无袖连衣裙,较贴体风格,圆领口,较卡腰设计,后中装隐形拉链(图 7 - 3)。

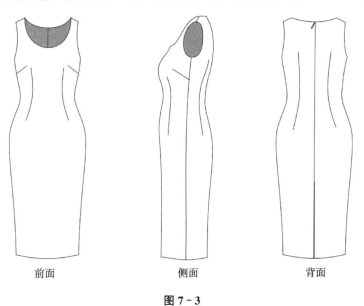

| 前面 | 侧面 | 背面 |

图 7 - 3

二、规格设计(单位:cm)

已知:160/84A

按贴体风格设计规格(表 7 - 1)

衣长$=0.6G+a=0.6\times160+2=98$

贴体风格胸围 $B=B^*+0-6=84+4=88$

$W=W^*+6=64+6=70$

$H=H^*+4=88+4=92$

按原型打版 S=39,无袖在此基础上改小 1～2cm,有袖袖窿深 BBL=0.2B+3+2～3 按有袖原型打版,无袖 BBL=0.2B+3 比有袖浅 1～2,否则会露腋窝。

表 7-1 系列规格表

单位:cm

号型	胸围 B	单肩宽	腰围 W	夹圈	臀围 H	裙长 L
155/80A	84	6	66	42.5	88	95.5
160/84A	88	6	70	44	92	98
165/88A	92	6	74	45.5	96	100.5

三、原型应用

1. 应用四省原型

肩省量分化为袖窿、后领口归拢量,在工艺制作时,此部位宜烫牵条带紧固。

基础胸省按照 15:3 转移至腋下省,余下为工艺归拢量(0.6cm)(烫衬牵住)(图 7-4)。

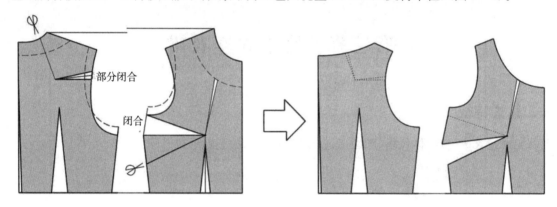

图 7-4

2. 低胸无领类服装

人体前胸形态易造成低领处领口起空或荡开疵病,解决方法:似内衣结构,加入胸圆概念,将前领口暗省转移至其他部位省缝处,或者在工艺制作时依工艺方法和面料特征进行归拢牵紧处理(图 7-5)。

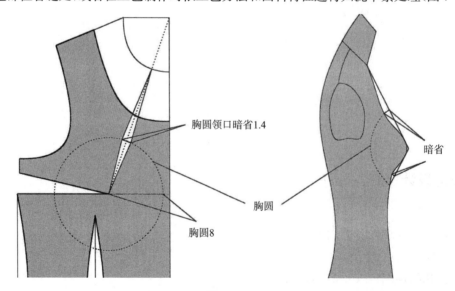

图 7-5

四、结构设计(图 7 - 6)

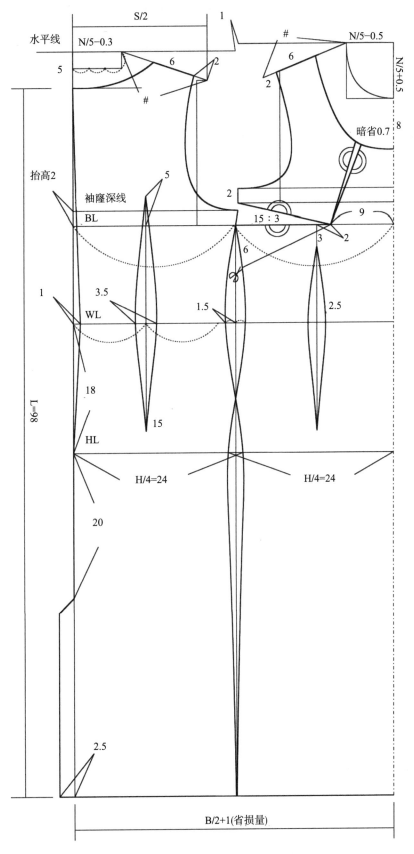

图 7 - 6

（1）按原型方法绘制前后衣片框架,制图胸围 B/2＋1cm(或 1.5cm)省损量,然后改窄肩宽,开大领窝,转移省道。

（2）无袖服装依据穿着层次,宜考虑袖窿的高低,在本例中袖窿深在原型基础上开低 1～2cm,避免露出腋窝或内衣等不雅现象。

（3）低领口暗省是在胸圆上 1.4cm 的菱形省的基础上依据低领的位置而获得的,按本案例中的位置获得大小为 0.7cm。

五、纸样制作

（1）复描结构图底稿,将胸省、领口暗省转移至腋下省,完成前后片纸样,拼接领口、袖窿弧线并画顺(图 7-7)。

（2）内贴的构成:在省道转移完成后绘制内贴纸样(图 7-8)。

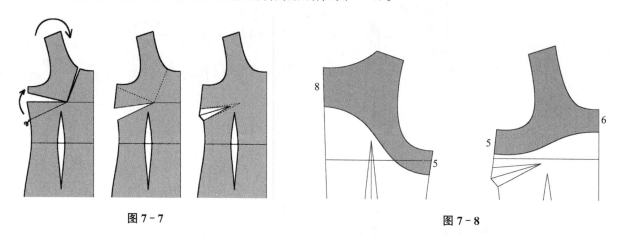

图 7-7

图 7-8

（3）纸样放缝与标注(图 7-9)。依各面料缝制工艺,除下摆贴边放 4cm 左右外,其余可放 1cm,在试样时可适当增加缝份,以便于调整,在省缝、腰节处钻眼或留刀眼,注意进行纸样拼接。

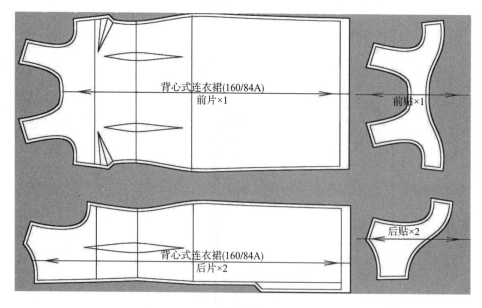

图 7-9

六、立体造型

立体着装时,重点注意领口是否服贴,是否有起空现象,袖窿的深浅是否合适,然后标记进行纸样修正(图7-10)。

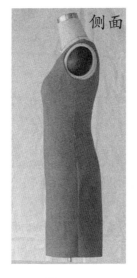

图7-10

第三节　晚礼服

一、款式特征

上半身合体风格,下半身A字扩摆造型,露背晚礼服,前领口处钉珠片,胸口处有装饰性抽褶,左侧缝装隐形拉链,无袖(图7-11)。

正面　　　　　　侧面　　　　　　背面

图7-11

适合面料:色彩漂亮的缎纹面料、波纹绸

领圈、夹圈:黏衬

胸口:拉橡筋

隐形拉链:40cm 长 1 条

二、规格设计(单位:cm)

按 160/84A 贴体风格设计规格(表 7-2)

衣长＝0.9XG＋a＝150

B＝B*＋0－6＝84＋4＝88

W＝W*＋6＝64＋6＝70

H＝H*＋4＝88＋4＝92

按原型 S＝37 打版,无袖在此基础上改小 1～2

有袖 BBL＝0.2B＋3＋2～3,按有袖原型打版,无袖 BBL＝0.2B＋3 比有袖浅 1～2,
否则会露腋窝

表 7-2　系列规格表　　　　　　　　　　　　　　　　　　　　单位:cm

号型	胸围 B	单肩宽	腰围 W	夹圈	臀围 H	裙长 L	备注
155/80A	84	2	76	42.5	88	145.5	
160/84A	88	2	70	44	92	150	
165/88A	92	2	74	45.5	96	154.5	

三、原型应用

应用四省原型(图 7-12)

前浮余量按 15:4 转入胸褶,前胸暗省也转入胸褶。

后浮余量在袖窿处作宽松(0.7cm)纸样折叠处理,余下为工艺归拢量(0.6cm)(烫衬牵住)。

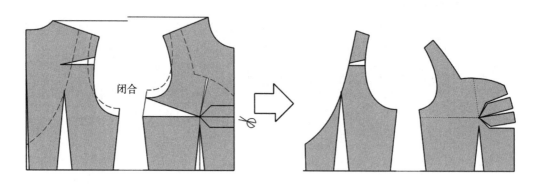

图 7-12

四、结构制图(图 7-13)

注:本案例制图时按长度 L＝100cm 进行

第一步:后片制图要点。

(1) 先画原型纸样领围、袖窿深、肩宽、背宽等。

(2) 无袖 BBL＝0.2B＋3cm,比有袖浅 2～3cm,否则会露腋窝或文胸后片。

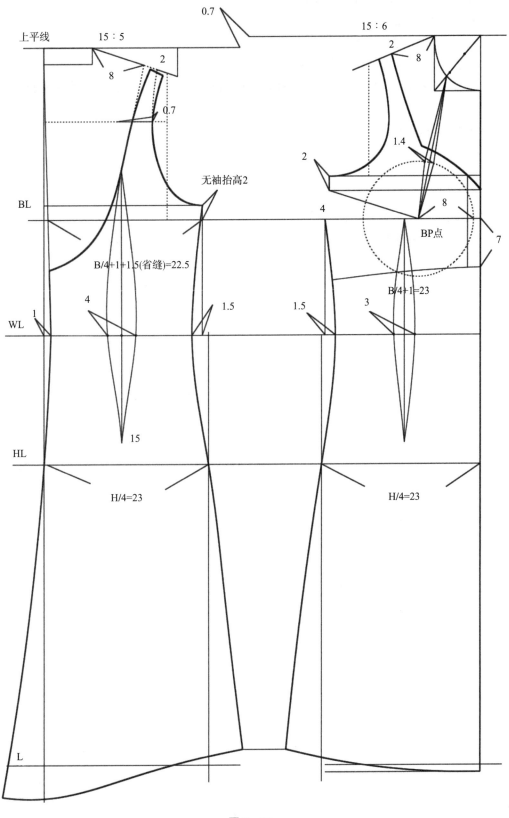

图 7 - 13

（3）后浮余量在肩带上做折叠处理。

（4）后胸围＝B/4－1cm＋省缝 1.5cm。

（5）后省大于前省,卡腰型省量在 3.5～4cm,后腰省占卡腰量 60％左右。

第二步:前片制图要点。

（1）先画原型纸样领窝、袖窿深、肩宽、前胸宽等。

（2）前浮余量 4cm,无袖袖窿抬高 2cm。

（3）无领时,以胸高点为圆心、8cm 为半径作胸圆,胸圆省为 1.4cm（此省的作用是折叠处理,防止前领口起荡）。

（4）前胸围＝B/4＋1cm。

（5）前腰省 3cm,前省占卡腰量 40％左右。

五、纸样制作

复描结构制图底稿,进行省道、褶裥的转移与合并。

第一步:复制胸上衣纸样,省道转移(图 7－14)。

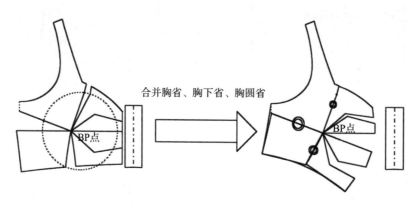

合并胸省、胸下省、胸圆省

BP点

图 7－14

前片省道转移为装饰性胸褶要点:

（1）依效果图画好褶位示意图。

（2）胸省略收短可增加褶量。

（3）可通过剪切纸样增加褶量。

（4）画顺各部位线条,留足缝份。

第二步:制作内贴纸样(图 7－15)。

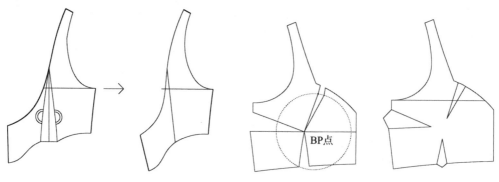

BP点

图 7－15

（1）后贴纸样,合并后腰省,生成后贴纸样。

（2）前贴纸样分散收省,形成合体结构,稳定前胸褶裥。

第三步:整件晚礼服纸样放缝与标注(图 7－16),前褶裥部位留足缝份,做好标注。

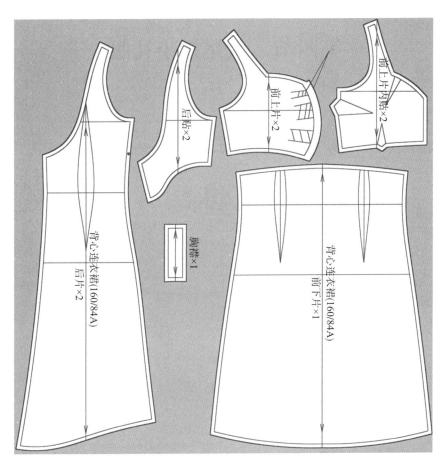

图 7 - 16

六、立体造型

牛皮纸正背面立体造型效果见图 7 - 17。

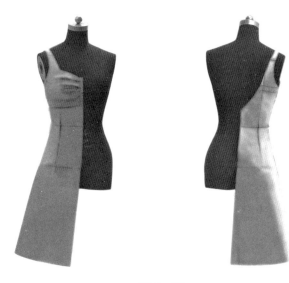

图 7 - 17

第四节　鱼尾摆小礼服

一、款式特征

裹胸背心式鱼尾摆礼服,前胸口处有装饰性褶裥,立领,后中装隐形拉链,无袖(图7-18)。

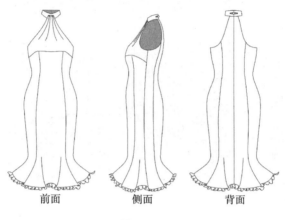

前面　　　　　　侧面　　　　　　背面

图 7-18

二、规格设计(单位:cm)

按160/84A贴体风格设计规格:

衣长$=0.8×G+a=0.8×160+7=115$

$B=B^*+0-6=84+4=88$

$W=W^*+6=64+6=70$

$H=H^*+4=88+4=92$

按原型S$=37$cm打版,在此基础上作背心式设计。

先以有袖袖窿深BBL$=0.2B+3$cm$+2～3$cm,按有袖原型打版,无袖BBL$=0.2B+3$cm,比有袖浅$1～2$cm。

三、原型应用

应用四省原型。

前浮余量按15:4转入胸褶。

后浮余量在背心设计去除(图7-19)。

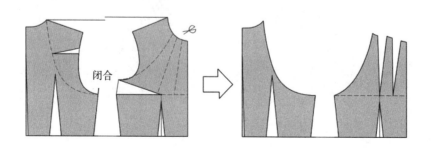

闭合

图 7-19

四、结构设计

制图胸围取 B/2+省损量 2cm 左右(图 7-20)

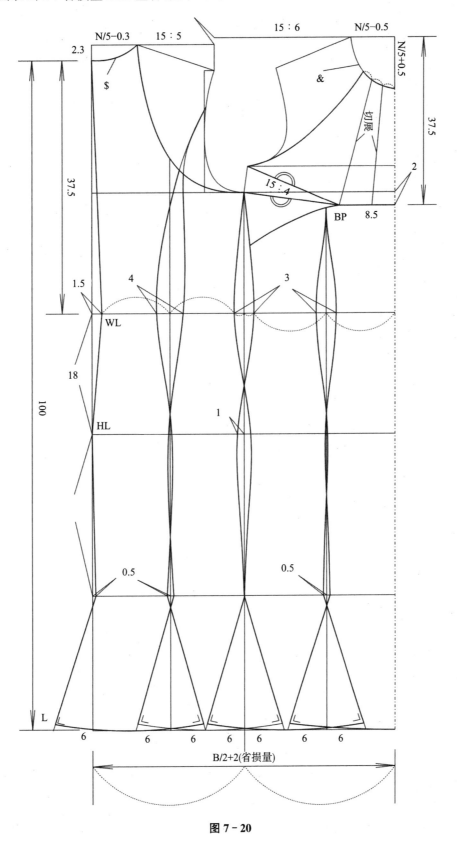

图 7-20

1. 后片制图要点

(1) 先画原型纸样领围、袖窿深、肩宽、背宽等，无袖抬高 2cm。

(2) 后省大于前省，后省量 4cm 左右，占卡腰量 60% 左右。

2. 前片制图要点

(1) 先画原型纸样领窝、袖窿深（无袖袖窿抬高 2cm）、肩宽、前胸宽等。

(2) 前浮余量按 15:4 转入前胸褶，在胸褶处沿辅助线展开一定的量（图 7-20）。

(3) 前腰省 3cm，占卡腰量 40% 左右。

3. 胸褶构成

将胸省和前领口暗省转入胸褶处，也可进一步切展，形成更大胸褶量（图 7-21）。

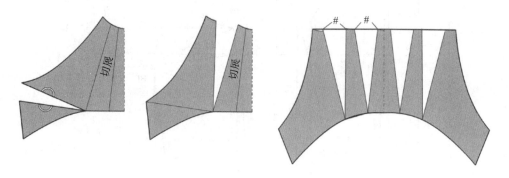

图 7-21

4. 胸褶内贴构成（图 7-22）

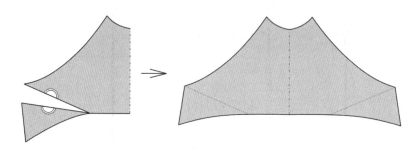

图 7-22

5. 绘制立领结构

按图 7-23 绘制立领结构，在前中心处左右拼合，注意线条圆顺。

图 7-23

五、纸样制作

依面料和缝制工艺，除前上胸褶处可多放 4cm 左右外，其余可放 1cm，在试样时可适当增加缝份，便于调整，侧缝、腰节处等留刀眼，裁片分割较多，注意进行纸样拼接圆顺（图 7-24）。

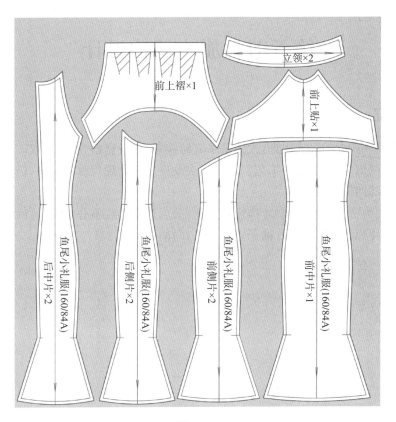

图 7 - 24

六、立体造型

（1）本案例按 1/2 人台进行造型，为提高精确度，要裁剪准确，缝份相应为 1/2 即 0.5cm，用铅笔画出净样线，在坯布裁剪时相关部位可适当多留缝份。

（2）用折叠针法先将前、后片各分割缝连接，对齐前后中心线，在人台上进行立体造型。

（3）固定在人台上后，进行调整造型处理，前胸褶裥要整理对称、造型美观，在裁剪坯样时该部位要多放毛样，待整理成形后点影确定最终纸样。

（4）对各部位整体造型进行调整，点影，修订纸样（图 7 - 25）。

图 7 - 25

第五节　旗袍结构设计

一、款式特征

传统旗袍作为满族妇女的民族服饰，大多是平直的线条，衣身宽松，两边开衩。其工艺特点：精细的手工制作，适用各种刺绣、镶、嵌、滚等工艺。经过多次改良之后的现代旗袍风格，仍然保持基本的样式：立领、收腰、盘扣、腿部两侧开衩。

这里介绍的款式为常见的立领、斜开襟短袖旗袍，前后片中心线不分割，前片侧缝及腰部收省，两侧开衩较高，袖子为一片短袖，袖山较高，袖子较瘦，袖口向前（图 7 - 26）。

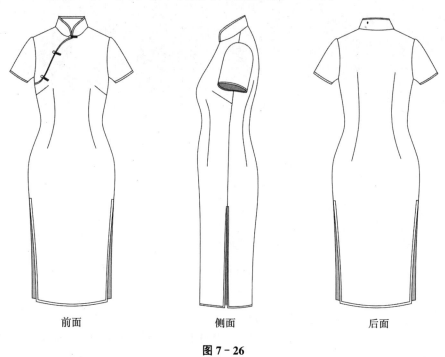

前面　　　　　　　　　侧面　　　　　　　　　后面

图 7 - 26

二、规格设计（单位：cm）

按 160/84A（$B^* = 84$　$W^* = 68$　$H^* = 88$）贴体风格设计尺寸

$L = 0.8G + 20 = 0.8 \times 160 + 8 = 116$

背长 $= 0.25G - 2.5 = 0.25 \times 160 - 2.5 = 37.5$

$B = B^* + （补正文胸 2） + 6 = 90$

$W = W^* + 4 - 6 = 74$

$H = H^* + 4 - 6 = 94$

袖长 $SL = 0.15G - 6 = 0.15 \times 160 - 6 = 18$

肩宽 $S = 38$

袖窿深 $BBL = 0.2B + 3 + 2 = 0.2 \times 90 + 5 = 23$

袖口 $CW = 0.1B + 5 = 0.1 \times 90 + 5 = 14$

三、原型应用

用四省箱形原型进行省道处理。

前浮余量由于贴体程度高且有文胸补正,有较大的量,一部分转入腋下省,一部分为前袖窿归拢量,在工艺制作时敷牵带,在斜襟处滚边时也作归拢处理。

后浮余量分化为两部分:一部分为后肩缩缝,另一部分为后袖窿归拢量,在工艺制作时敷牵带(图7-27)。

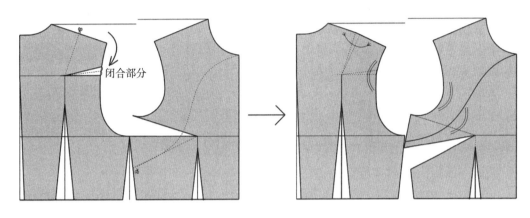

图 7 - 27

四、结构设计

(一)大身制版要点:按B/2+省损量1cm制版

为体现合体旗袍胸凸腰凹,胸省和腰省宜作弧线处理,曲面过渡自然,裁片在缝制前进行归拔熨烫处理(图7-28)。

(二)立领的制版原理与方法

1.依据立领的领侧角和前倾角可将立领分为三类

外倾型立领:领侧角和前倾角小于90°,领身与人体脖颈分离;外倾型立领款式特征和纸样变化原理见图7-29。

垂直型立领:领侧角和前倾角等于90°,领身与人体脖颈稍分离。

内倾型立领:领侧角和前倾角大于90°。

内倾型立领前立领与人体脖子结构相吻合,上细下粗,脖子前倾(图7-30)。

2.与人体脖颈相吻合的普通立领制版

(1)作领切线:在前领窝弧线上取一点作弧线的切线,切点越靠前A1点,前领越远离脖子,靠近A点合体型(必须有一定松量)切点距前中5cm左右,可通过前横开领中点向前领窝弧线的交点取得(图7-31)。

(2)作肩颈同位点B:在领切线上找与前领窝长度相等的点(图7-32)。

(3)作领弯线:以肩颈同位点B为基础,作15:1～15:3的斜线,以此确定后领的弯度,靠近C1,远离后颈,靠近C,弯度越大,后领越贴近后颈部,旗袍立领取15:3,在BC线上取线段,与后领窝长度*相等(图7-33)。

(4)取领下口线与前后领窝长度相等点为后中心点,作垂线,按后领高度和前领造型画顺为立领结构(图7-34)。

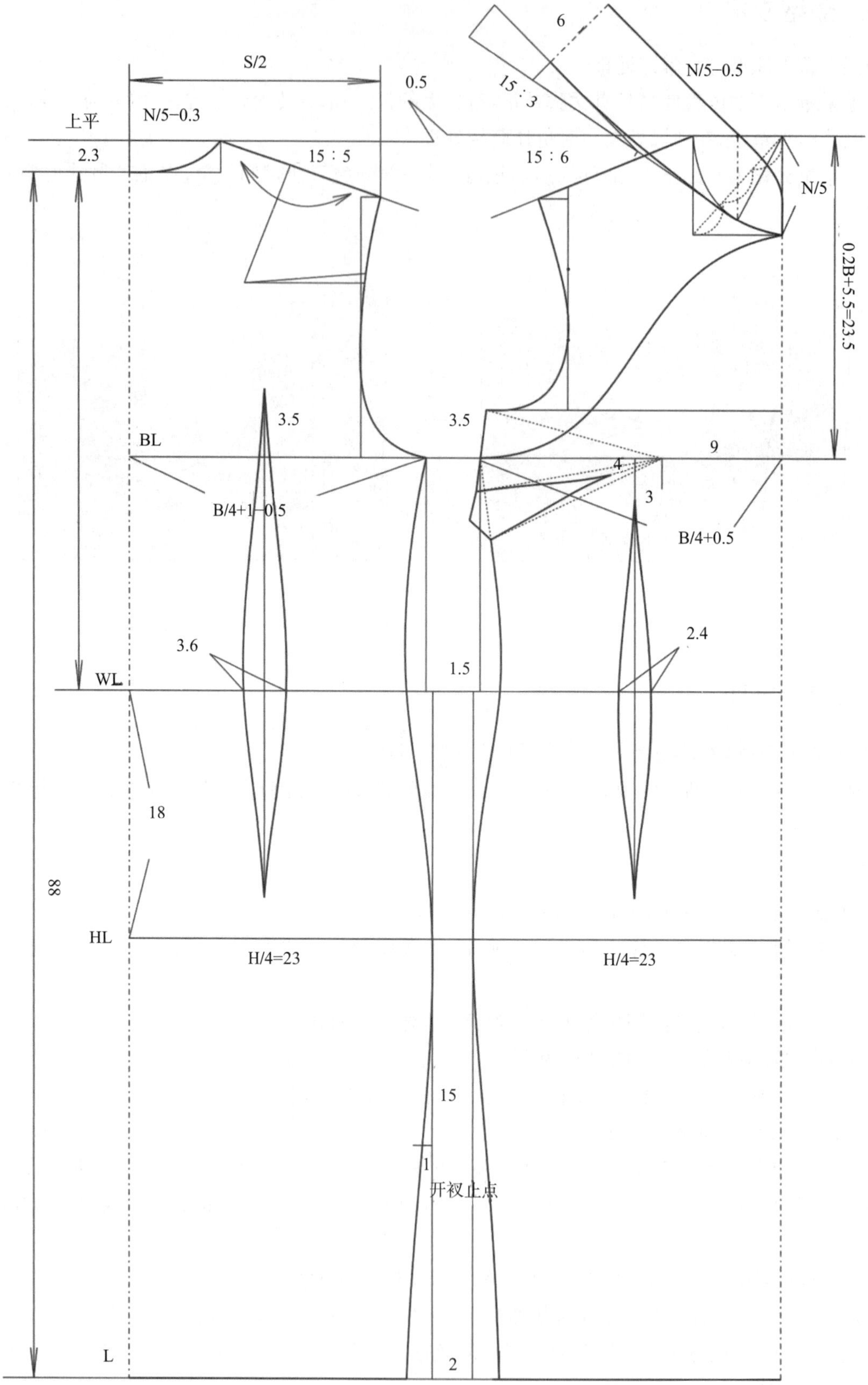

图 7 - 28

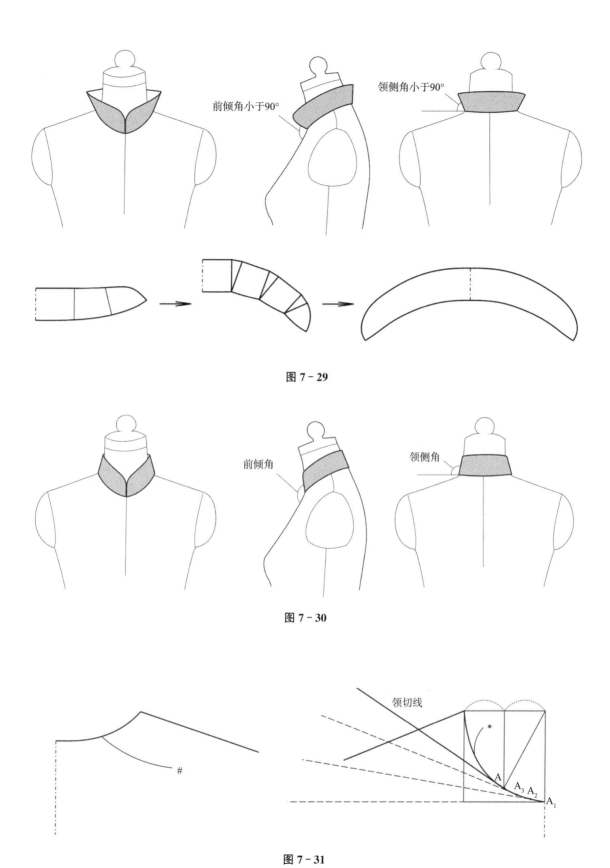

图 7 - 29

图 7 - 30

图 7 - 31

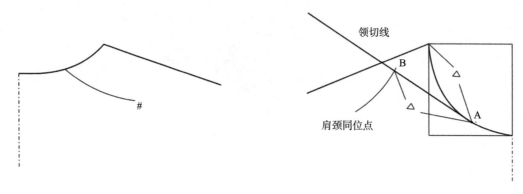

图 7 - 32

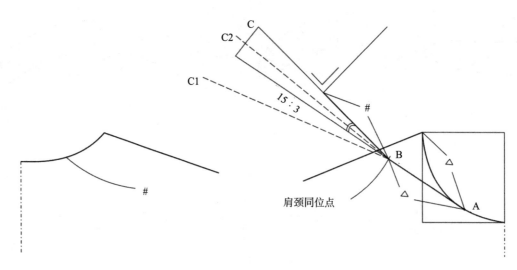

图 7 - 33

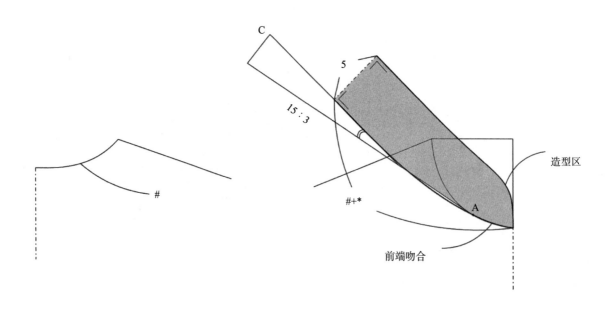

图 7 - 34

（三）贴体一片袖制版要点

与手臂的前倾有关,有向前的弯势,袖型贴体,袖山较高(图7-35)。

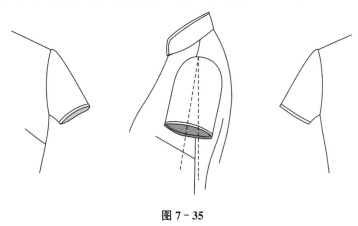

图 7-35

（1）拷贝前后袖窿弧线,注意要合并胸省,在侧缝点偏后1cm向上取平均袖窿深的75%～85%作为袖山高。

（2）贴体型袖子,绱袖角度偏小,有较大的吃缝量,依据面料和工艺特点,本例中取2cm为吃势量,前袖山吃势量约40%,后袖山吃势量约60%,按前袖山斜线FAH+前吃势量-1.2cm,后袖山斜线BAH+前吃势量-1cm,得出袖肥,调整袖肥与袖山高的配伍关系。贴体一片袖的袖肥控制在31cm左右,袖山高控制在13.5cm左右(图7-36)。

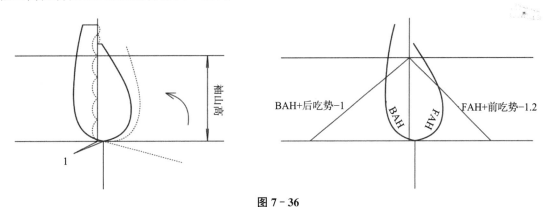

图 7-36

（3）袖山弧线画法:对称拷贝前后袖窿弧线,如图7-37所示在后袖肥线中点外偏1cm向复制的后袖窿弧线作公切线,在前袖肥线中点外偏0.5cm向复制的前袖窿弧线作公切线,以复制的前后袖窿弧线、袖山公切线和袖山顶点绘制袖山弧线,画顺并测量前后袖山弧长是否与袖窿弧长配套,画顺调整(图7-37)。

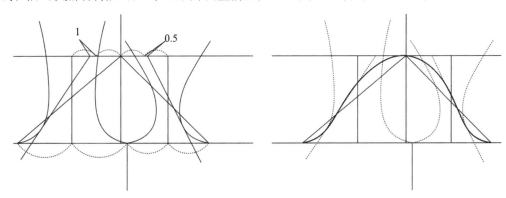

图 7-37　袖山弧线画法

（4）袖身画法：袖中心线向前偏移，按前袖口为 CW－2cm，后袖口为 CW－2cm，袖长 18cm 画袖口，注意袖口与袖底缝呈直角，反向起翘，后袖山底部下落一定的量。保证前后袖底缝相等（图 7－38）。

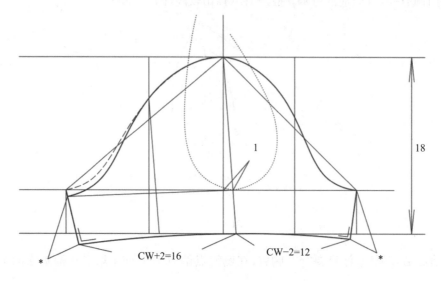

图 7－38　袖身画法

五、纸样制作

纸样制作与旗袍缝制工艺有关。

（1）滚边工艺侧缝装拉链的纸样，滚边工艺位置不放缝份（图 7－39）。

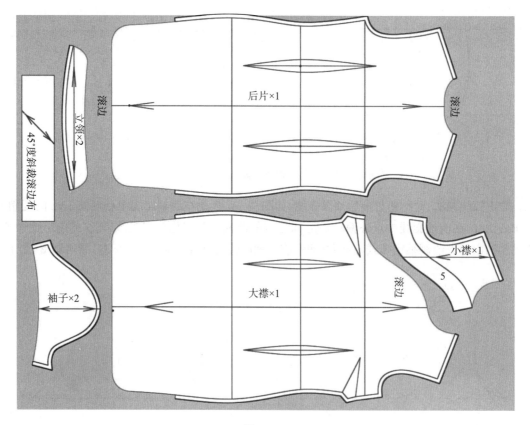

图 7－39

（2）镶边工艺侧缝装拉链的纸样，镶边纸样另行拷贝（图7‐40）。

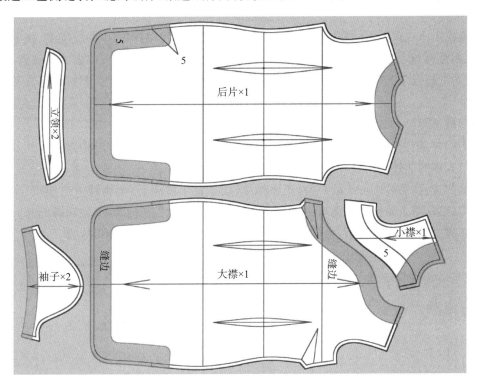

图 7‐40

（3）滚边工艺侧缝传统盘扣工艺的纸样：滚边处不放缝份，盘扣工艺部分放出贴边（图7‐41）。

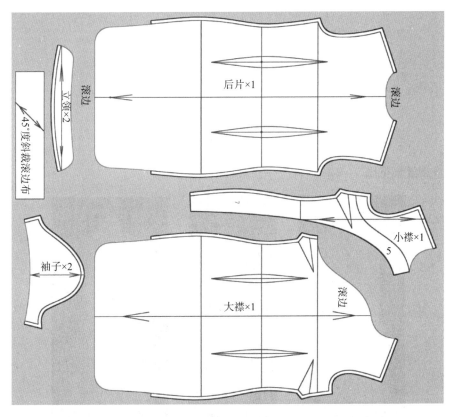

图 7‐41

六、立体造型

现代旗袍应用西式裁剪,强调立体造型感,体现胸凸腰凹臀翘,结构简单曲线优美,在缝制和调整版型时,省缝要调整至与人体体型相符,省尖不歪斜。由于旗袍的结构特点,仅靠摆缝及收省,难以达到合体的目的,应通过归拔工艺进一步造型,使衣片尽量与体型特征相吻合,当然,归拔工艺要考虑到面料的归拔性能。

旗袍的归拔见图 7-42。

前衣片的归拔:把前片中心线处折叠,正面相对,摆平置于烫床上,把侧缝中腰处拔开,臀部归直,使衣片的曲线与人体的曲线相吻合,前袖窿略归拔一下。

后衣片的归拔:在后片中心线处折叠,正面相对,摆平置于烫床上,把侧缝中腰处拔开,侧缝臀部的凸势进行归缩处理,将余量推到臀部,再把袖窿略归拔一下,把凸势推向背处,使肩胛凸起。

袖片的归拔:把袖片正面对折,由侧缝向袖中归烫,把凸势推向手臂,袖口拔直。

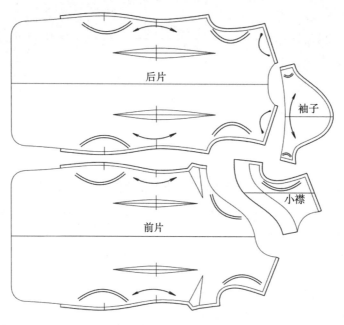

图 7-42 旗袍的归拔

旗袍立体造型效果见图 7-43。

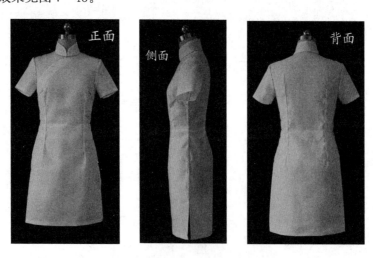

图 7-43 旗袍立体造型效果

第六节 衬衫式公主线分割连衣裙

一、款式分析(图7-44)

衣身结构:门襟的设计类似衬衫,弧形公主线分割,能很好地表现体型轮廓的款式,腰围线以下为喇叭形。

衣领:衬衫领。

衣袖:衬衫式短袖。

前面　　　　　　侧面　　　　　　背面

图7-44

二、规格设计(160/84A)(单位:cm)

衣身造型与功能考虑,胸围松量为8cm,腰围松量6～8cm,腰围以下为喇叭形,臀围松量较大,成品臀围在104～106cm。

$L = 0.6G + 9 = 0.6 \times 160 + 9 = 105$

$B = B^* + 8 = 84 + 8 = 92$

$W = W^* + 6 = 66 + 6 = 72$

$S = 0.25B + 15 = 0.25 \times 92 + 15 = 38$

$N = 36$

$SL = 18$

$CW = 15$

三、原型应用

应用四省原型,后片将肩背省分散为四部分:后肩缩缝,后袖窿的归拢量(制作时袖窿敷牵条),背缝和后片分割缝靠近肩背处的归拢量。

前片转移胸省约15:4的量至前公主线,其余作为前袖窿的归拢量(制作时袖窿敷牵条),胸省省尖处约0.2cm作为归拢量(图7-45)。

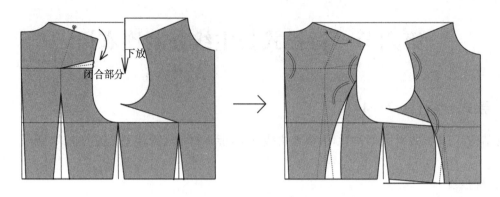

图 7 - 45

四、结构设计(图 7 - 46)

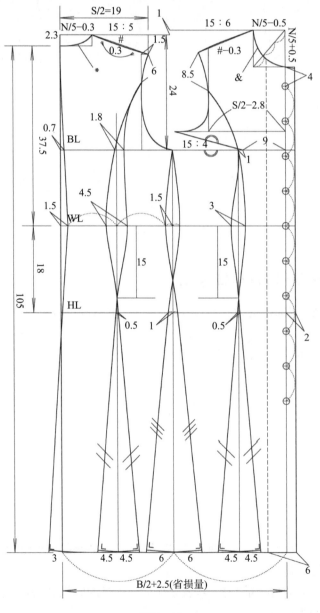

图 7 - 46

(1) 为体现体型造型,胸省设计为15∶4。

(2) 画前侧面弧形分割时注意线条走向,要体现胸凸腰凹。

(3) 贴体式前开襟,扣距适当小一些,控制在6~7cm,第一扣距再小一点。

五、纸样制作

(1) 胸省转移:基础胸省转移至分割线处,胸凸处的归拢量依据面料控制在0.2cm左右(图7-47)。

(2) 衣身纸样:作好标注,未注明部分缝份为1cm。

(3) 衣领、衣袖纸样参考第六章第二节翻领短袖女衬衫(P107)。

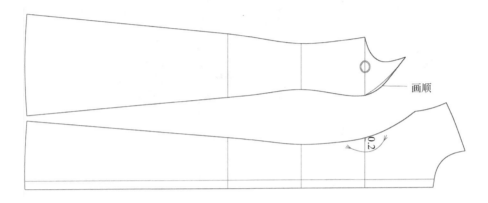

画顺

0.2

图 7 - 47

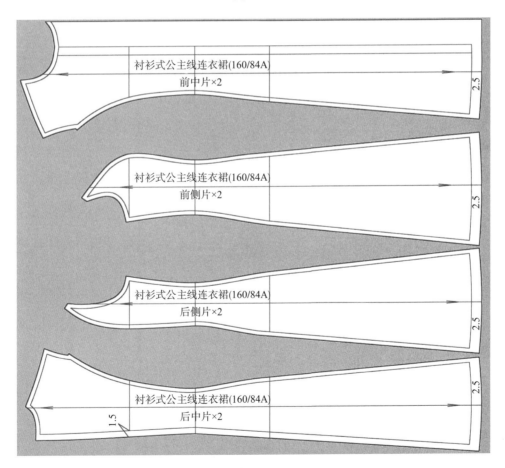

衬衫式公主线连衣裙(160/84A)
前中片×2
2.5

衬衫式公主线连衣裙(160/84A)
前侧片×2
2.5

衬衫式公主线连衣裙(160/84A)
后侧片×2
2.5

衬衫式公主线连衣裙(160/84A)
后中片×2
2.5
1.5

图 7 - 48

六、立体造型（图7-49）

在坯布样衣缝合前，可对裁片进行归拔处理，立体缝合样衣后，重点对以下部位进行修正调整：

（1）调节分割线，胸部饱满有胖势，卡腰圆顺流畅，背部服帖，袖窿山头必须做到圆顺。

（2）衬衫领面平服，领口要有窝势，不向外翘，松紧适宜，不露装领线，后中处翻折量在0.5cm左右。

（3）门襟要求顺直，平服，不反吐，长短一致。

（3）袖子要向前倾，绱袖子要求袖山基本无吃势，袖窿一圈圆顺。

图7-49

第七节　吊带式绑带连衣裙

一、款式特征

衣身结构：吊带式直身连衣裙，左侧有弧形公主线分割至下摆开衩，左右裹胸为绑带式束腰结构，能很好地表现体型轮廓，腰围线以下为直筒形（图7-50）。

前面　　　　　侧面　　　　　背面

图7-50

二、规格设计(160/84A)(单位:cm)

衣身造型与功能考虑,胸围松量为 4cm 左右,松腰设计,腰围以下为直筒形,臀围松量在 6cm 左右。

$L=0.7G+a=0.7×160+13=115$

成品 $B=B^*+4=84+4=88$

$W=W^*+6=66+6=72$

基础 $S=0.25B+15=0.25×88+15=38$

基础 $N=36$

三、原型应用

应用箱形松腰型原型,将前胸省和低领暗省转入分割线和绑带褶裥中,将后片省量在吊带造型设计时消化掉,缩小吊带长度(图 7 - 51)。

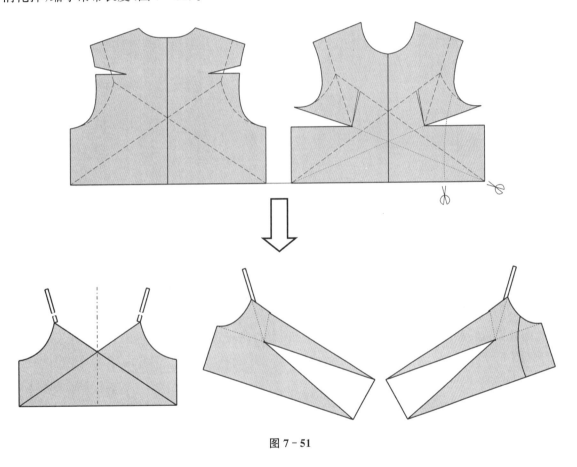

图 7 - 51

四、结构设计(图 7 - 52)

为体现体型造型,胸省设计为 15:4;画前侧面弧形分割时,注意线条走向,要体现胸凸腰凹。

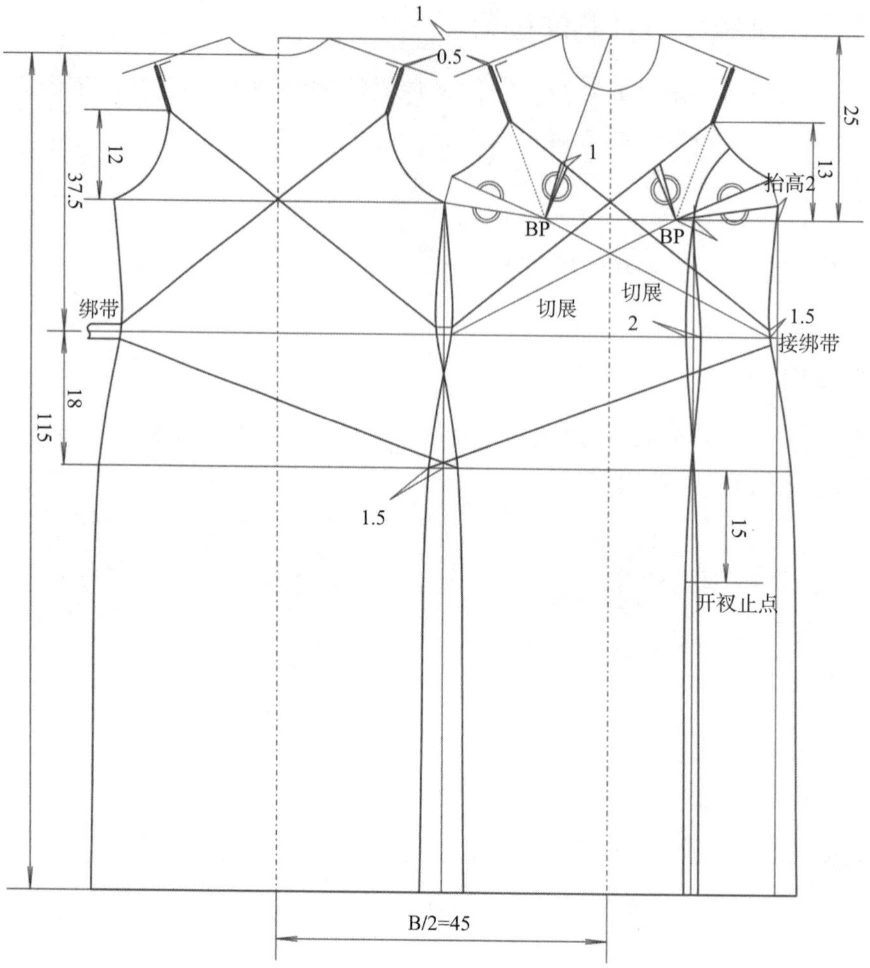

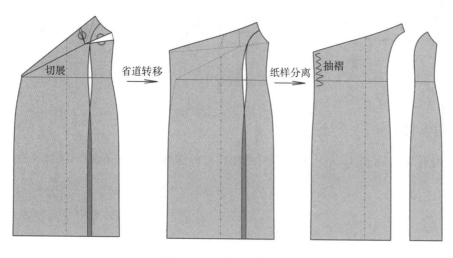

图 7-52

五、纸样制作

（1）前片省道转移：拷贝结构图，将基础胸省和低领口暗省转移至切展线处，画顺弧形分割线，进行纸样分离（图 7-53）。

图 7-53　前片省道转移

（2）前右片裥纸样构成：拷贝前右片结构图，将基础胸省和低领口暗省转移至切展线处，也可在两端放出一定的量，与绑带连接，连接处为褶裥（图7－54）。

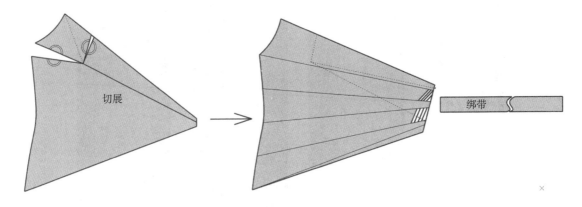

图 7－54　前右片裥纸样构成

（3）面布纸样，下摆4cm，褶裥位置适当多留缝份以备调节，其余可放1cm，吊带、绑带长度适当多放，在制作时按长度修剪（图7－55），里布可设置为半身或全身衬裙式，纸样略。

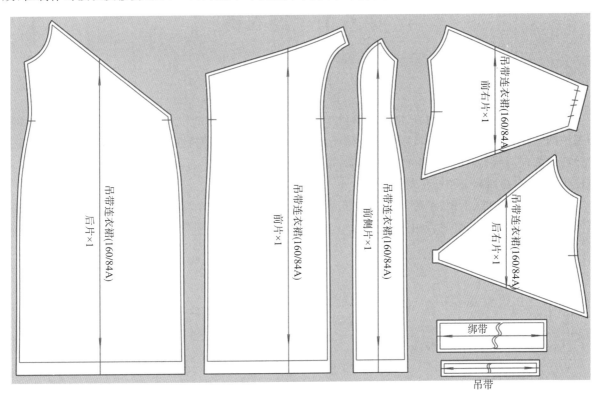

图 7－55

六、立体造型与调整

用与实际面料相近的布料作调整试样，图7－56为1/2教学人台着装效果。

图 7 - 56

第八节　连衣裤

一、款式分析

连衣裤指上衣与裤子连为一体的服装,由于它上下相连,对人体的密封性较强,多为儿童穿着和特种工种的劳保服所选用。也有将帽子与鞋袜连在一起的连体裤,其密封性更强,是防辐射及防化人员适合穿着的款式。从工装演变过来的时装连衣裤,正在渐渐流行。由于存在消费者穿着连衣裤如厕时不方便等问题,有待研究工作的新发展。

由于人体在弯腰、下蹲、手臂上抬时后腰、臀部、体侧表皮的拉伸(图 7 - 57),连衣裤设计与连衣裙不同。连衣裙没有裆部将前后相连,拉伸量在连衣裙下摆处无形中消化了,而连衣裤有裆部将前后相

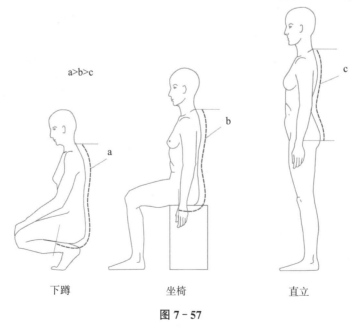

图 7 - 57

连,故在结构设计时,在腰部加入人体活动机能需要的拉伸量。经测算实践,无袖连衣裤的拉伸量约5cm,加上为了使加入的量不会在腰部兜起,连衣裤的腰部通常束橡筋处理,另加入3cm为束橡筋量。所以无袖连衣裤在上衣原型和基本裤型腰线处共加入8cm的量。当有袖结构时,共加入12cm。

二、结构设计原理

当连衣裤的腰部加长,相当于连衣裤在着装状态时,裆位实际位置下降,从人体行走的运动功能出发,臀围和大腿围的放松量要同步加大。连衣裤的结构原型图是在上衣原型和裤装切展后的原型基础上,在腰部插入人体运动的拉伸量构成的(图7-58)。

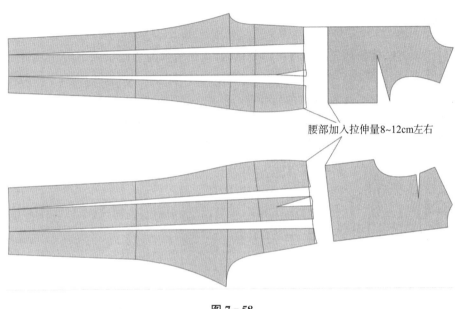

腰部加入拉伸量8~12cm左右

图7-58

三、实例款式

无领无袖连衣裤,下身为宽松短裤结构,腰部束橡筋,前中心开口,门襟至腰围线以下为单排纽扣(图7-59)。

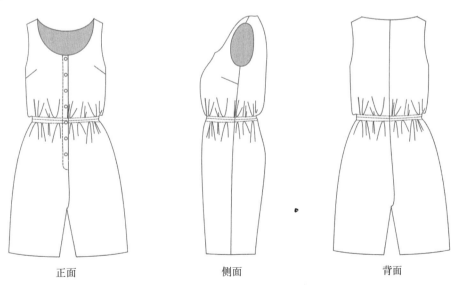

正面　　　　　　　　侧面　　　　　　　　背面

图7-59　无领无袖连衣裤

四、规格设计(160/84A)(单位:cm)

衣长 $L=0.5G+11=0.5\times160+11=91$

肩宽 $S=35$

胸围 $B=B^*+8=84+8=92$

腰围 $W=W^*+22=66+22=88$

臀围 $H=H^*+12=90+12=102$

直裆 $=(G+H^*)/10+1=(160+90)/10+1=26$

五、结构设计

(1)按较宽松短裤结构原理先绘制短裤部分结构,宽松短裤前片松量大于后片,此时取前后臀围为 $H/4$。

(2)在短裤腰围线向上平移8cm作前后片背心结构。

(3)为防止低领口处起空不服帖现象,将前领口暗省0.8cm转移(图7-60)。

(4)将基础胸省和前领口暗省转移至腋下省,再绘制贴边(图7-61)。

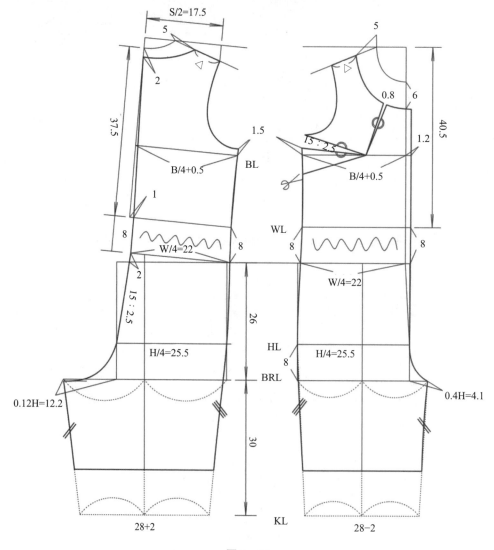

图 7-60

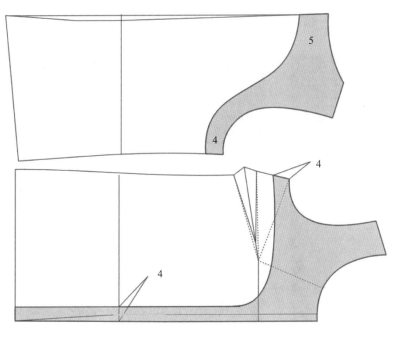

图 7 - 61

六、纸样制作

未注明处缝份为1cm(图 7 - 62)。

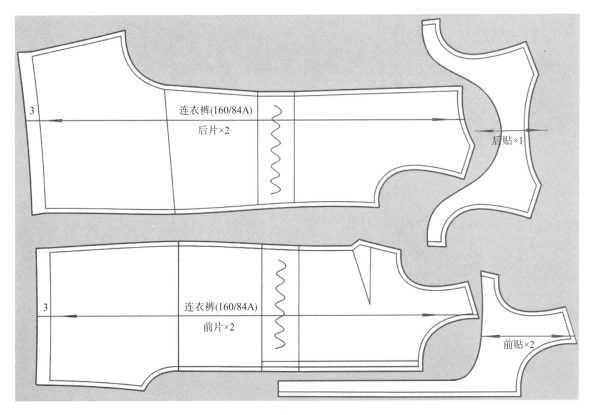

图 7 - 62

七、立体造型(图 7－63)

图 7－63

第九节　背带裤

一、款式特征

较宽松风格背带裤,背带上有调节扣,松腰设计,侧缝安扣(图 7－64)。

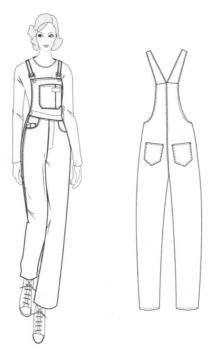

图 7－64

二、规格设计(单位:cm)

裤长 L＝0.6G＋2＝0.6×160＋2＝98

腰围 W＝W*＋22＝68＋22＝90

臀围 H＝H*＋16＝90＋16＝106

直裆＝(G＋H*)/10＋3＝(160＋90)/10＋3＝28

三、结构设计

在设计连衣裤时,前后片有裆部将前后相连,在肩带中加入人体活动机能需要的拉伸量(图7－65)。

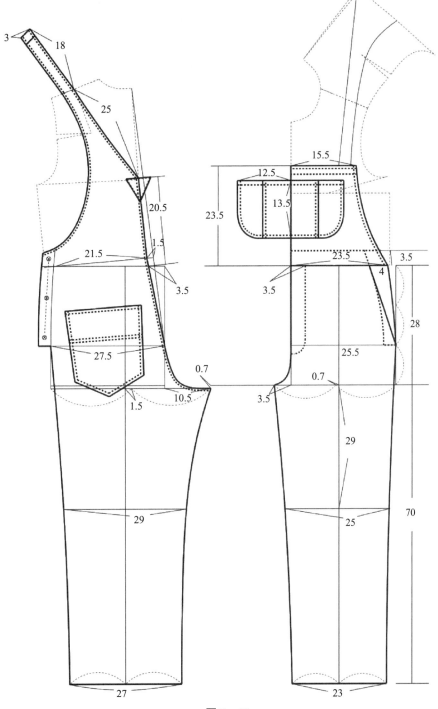

图 7－65

四、成衣(图 7 - 66)

图 7 - 66

第八章　西服、夹克结构设计与立体造型

第一节　三开身女西服

一、款式分析

传统经典的女西服来源于男西服,现代男西服形成于19世纪中叶,最早可溯源到17世纪的路易十四时代。香奈儿对女套装的推广有不可磨灭的功勋,本节三开身女西服结构简练,线条流畅,较合体款式,采用中等厚度的羊毛织物,并用黏合衬做成全夹里(图8-1)。

衣身:三开身结构,后中背缝,前片收省,侧片处于腋下。

门襟:双排两粒扣。

衣领:戗驳头西服领。

衣袖:两片弯身合体袖。

衣袋:左右腹部有带袋盖的挖袋。

 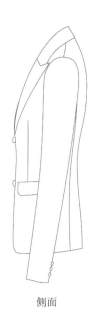 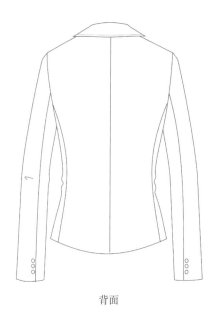

正面　　　　　　　　　　侧面　　　　　　　　　　背面

图8-1　三开身女西服

二、规格设计(单位:cm)

按160/84A较贴体风格设计。

后中长 $L=0.4G+1=0.4\times160+1=65$

胸围 $B=B^*+8\sim10=84+10=94$

臀围 $H=90+6=96$

肩宽 $S=0.25B+15.5=0.25×94+15.5=39$

基础领围 $N=0.25B+12.5=36$,西服领在基础领窝上开大 $1～2cm$

袖长 $SL=0.3G+9=0.3×160+9=58$

袖口 $CW=0.1B+4=0.1×94+4=13$

袖窿深 $BLL=0.2B+6=0.2×94+6=24$

三、原型应用

将肩省量分为两部分:一部分转移至肩部为缩缝,约 $0.7cm$,其余作袖窿归拢量。

按外套的穿着层次,背长拉开 $0.5～1cm$。

将原型胸省转移至袖窿底(约 15:3)作基础胸省,其余约 1/3 作为袖窿松量和归拢量。

考虑驳头处的合体性,此处不设撇胸量(图 8-2)。

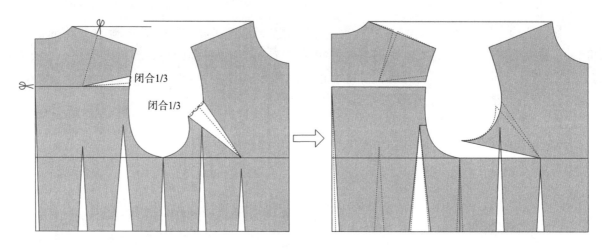

闭合1/3

闭合1/3

图 8-2

四、结构设计(图 8-3)

1. 衣身结构

制图胸围:按 $B/2$+省损量 $2cm$ 和布厚增量 $0.7cm$ 作图,工业纸样不设劈胸量。

前后横开领:在基础领窝基础上开大 $1cm$ 或 $1.5cm$;

双排扣门襟:以前中心线为基础,每边放出 $7cm$ 左右为双排扣叠门宽,前中心线对称 $4cm$ 左右画出双排纽位置,右门襟中心线外侧为功能纽扣,内侧为装饰扣,里襟为功能性纽扣,第二排纽扣系在左挂面上固定(图 8-7)。

胸省:在袖窿底取 15:3,待底稿完成后,转移省道并修正相关部位线条。

袖窿:合并省道后要修正圆顺。

口袋:靠门襟侧纵向与前中心线平行,袋盖下端与前衣片下摆平行,在绘制时横向在腋下侧起翘 $0.7cm$,袋盖的位置和最终形状对合腋下缝后确定(图 8-8)。

挂面:在肩线处取 $3cm$,在下摆处离前中心线 $7cm$。

2. 胸省转移过程解析

(1)将侧片胸省合并(图 8-4)。

(2)沿开袋线剪开,转移前片胸省(图 8-5),修正省道,省尖回调 $3cm$,画顺,修正口袋位(图 8-5)。

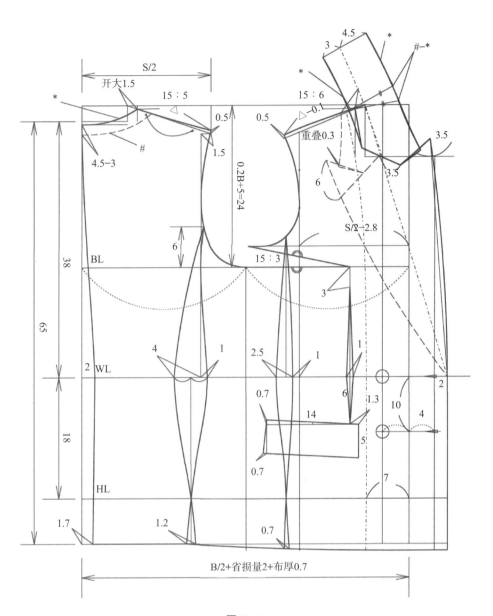

图 8-3

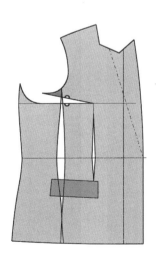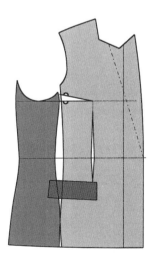

图 8-4

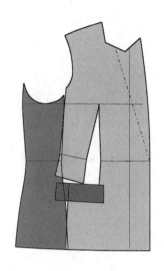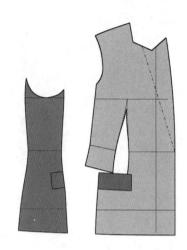

图 8 - 5

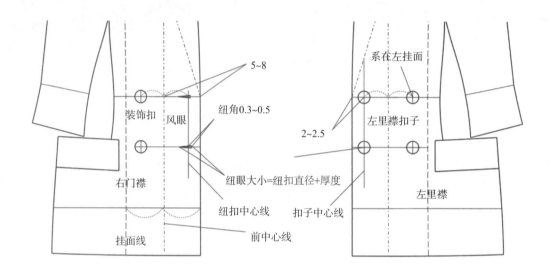

5~8

装饰扣　风眼

纽角0.3~0.5

右门襟

纽眼大小=纽扣直径+厚度

纽扣中心线

挂面线

前中心线

系在左挂面

左里襟扣子

2~2.5

扣子中心线

左里襟

图 8 - 6

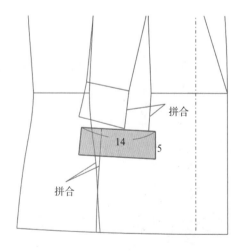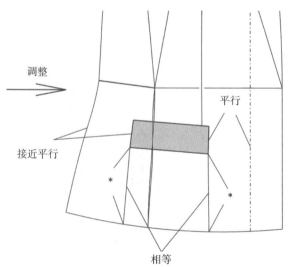

拼合

14　5

拼合

调整

平行

接近平行

相等

*　　*

图 8 - 7

3. 西服领作图过程解析

翻折线为直线型的戗驳头翻领结构(图 8-8)

(1) 设后底领高 a=3cm,后翻领高 b=4.5cm,在前衣身驳口线的内侧,预设驳头和领子的形状,在后身也画出领子的形状,估计出外领口的尺寸。

图 8-8

(2) 沿着翻折线对称复制,画出前领形状(图 8-9)。

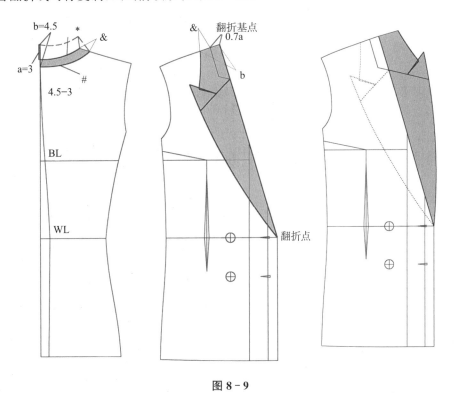

图 8-9

(3) 在前领对称点,以后底领高后翻领高 a+b 为半径作弧线,旋转距离为 ♯~ * ＋面料厚度(一般为0.3~0.7cm)。

(4) 以底领翻领高 a+b 为一条边,以后领窝长 * 为另一条边作矩形。

(5) 前后领用圆顺的线条连接(图 8-10)。

(6) 领子的处理。

为解决后领口翻折线上出现的锯齿形褶皱(俗称长牙齿),要对翻领进行工艺或结构处理。

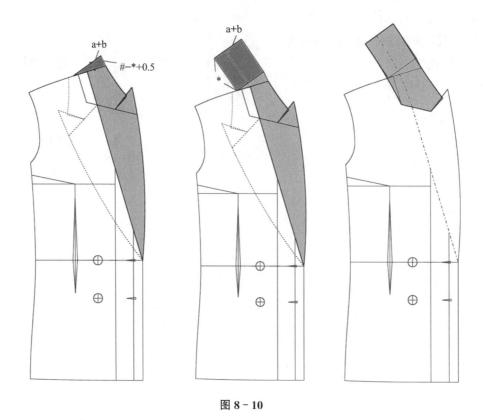

图 8 - 10

工艺处理：为了使翻领的结构在立体上与人体衣领结构吻合，一片式翻领需作归拔处理，将下领口作拔开处理，图 8 - 11 一般用在单件制作上。

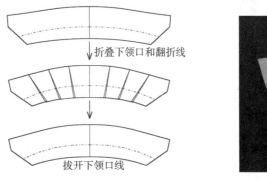

折叠下领口和翻折线

拔开下领口线

拔开下领口

图 8 - 11

分割结构处理：将上下领沿翻折线偏下 0.5cm 处进行分割处理（图 8 - 12），在分割线处将上下领收缩约 2cm，得到分割后上下领的结构（图 8 - 13）

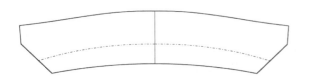

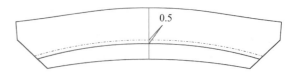

图 8 - 12

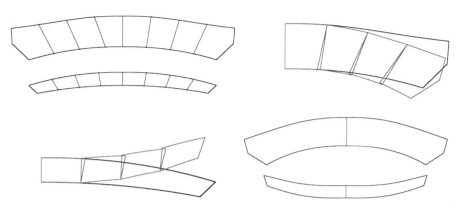

图 8 - 13

4. 男装式西服袖的绘制

（1）袖山高的确定方法：拷贝前后袖窿，将基础胸省闭合，厚面料袖山吃势量大（3.5～4.5cm），取前后平均袖窿深的 6/7 为袖山高，中薄面料袖山吃势量较小（2.5～3.5cm），取前后平均袖窿深的 5/6 为袖山高，并测得前、后袖窿弧长 FAH、BAH（图 8 - 14）。

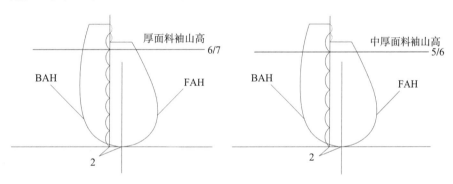

图 8 - 14

（2）考虑贴体西服袖山吃势较大，与面料有关，本例在 3cm 左右，取前后平均袖窿深的 5/6 为袖山高，按 FAH－1.4cm，BAH－1.2cm 绘制前后袖山斜线（图 8 - 15）。

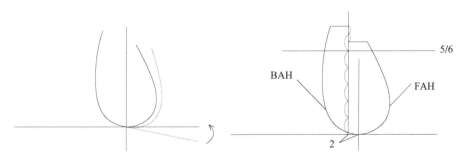

图 8 - 15

（3）袖山弧线画法：对称拷贝前后袖窿弧线，如图 8 - 16 在后袖肥线中点外偏 1cm 向复制的后袖窿弧线作公切线，在前袖肥线中点外偏 0.5cm 向复制的前袖窿弧线作公切线，以复制的前后袖窿弧线、袖山公切线和袖山顶点绘制袖山弧线，画顺并测量前后袖山弧长是否与袖窿弧长配套，画顺调整。

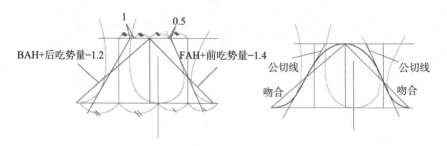

图 8 - 16

（4）绘制袖身结构：前后袖肥宽向下作辅助线，考虑袖山吃势和缩率，制图袖长尺寸比成品尺寸可长 1cm 左右，依据人体工学，袖肘线与袖山底线的位置与大身结构图上胸围线至腰围线的位置一致（图8-17）。

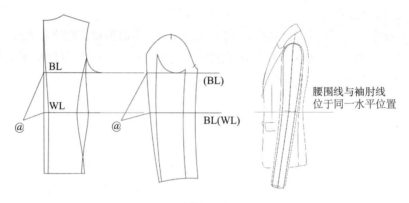

图 8 - 17

袖肘线的弯曲度按前轮廓线袖肘处凹进 0.5～1cm，后袖肘线点在袖口与袖肥连线与袖肥宽线中点的连线上；袖口大小按照袖肥/2×3/4；连接袖肥点、袖肘线点、袖口前偏量等，画顺绘制袖身轮廓线（图8-18）。

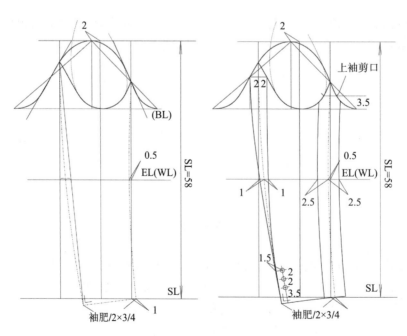

图 8 - 18

按照前袖偏量上下相等为 2.5cm,后袖偏量上 2cm、下 0cm 镜向绘制大小袖轮廓线。

按图示绘制袖口锁纽位置。

在前袖轮廓线向上 3.5cm 左右作横向辅助线,分别将于大袖山弧和袖窿弧线,两交点为上袖对刀眼位置。

五、纸样制作

将结构图上的相关线条拓在制作纸样的白纸上,作为面布纸样(图 8-23)。

(1)胸省转移修,正部分线条的造型。

(2)口袋位的修正。

(3)分割结构在生成纸样后要做拼合检查,检查对应部位是否等长或有预留的缝缩位,对合肩位,检查袖窿、领窝、分割缝等是否圆顺。

(4)放缝:缝份是在净样线上平行放出的,但对于某些不成直角部位的放缝,为了缝合后正确的缝合和缝制拼合的对位,需要作直角处理。

三开身大身拼合缝的放缝方法:

相关缝合部位呈 90°作净样线的垂线,再延长相同的量(图 8-19)。

缝合后的效果见图 8-20。

两片袖在小袖袖缝的放缝方法见图 8-21、图 8-22。

(5)画上纸样技术标记,如纱向、名称、剪口等符号(图 8-23)。

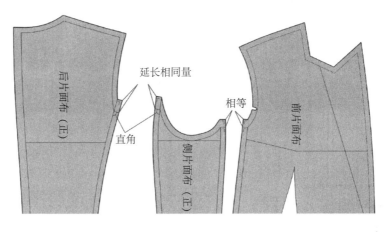

图 8-19

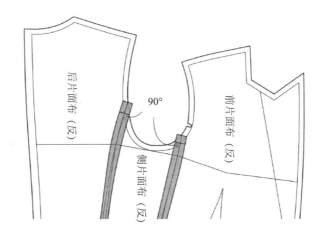

图 8-20

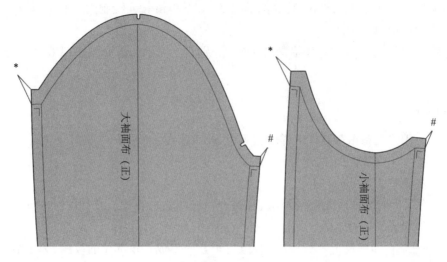

图 8-21

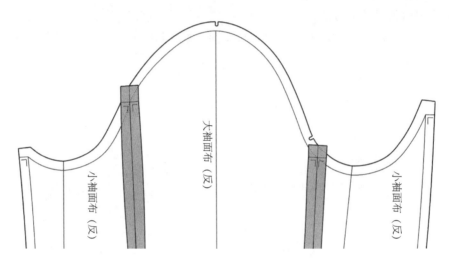

图 8-22

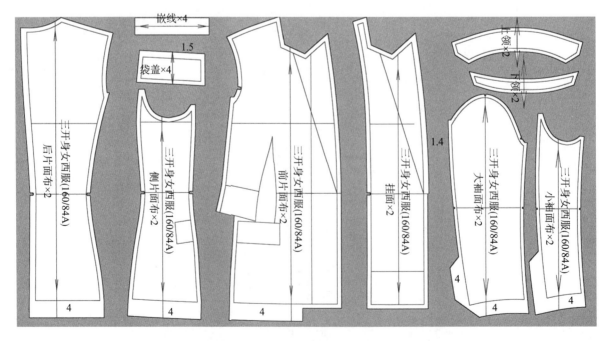

图 8-23

六、立体造型

将衣身纸样拷贝,放缝,用坯布进行立体结构造型:因坯布与成品布存在一定的差异,缩缝部位可用大头针留出,而袖窿处则可依据真实工艺制作的要求烫衬归拢。

三开身女西服为三面体构成,强调立体造型感,造型要体现人体曲面效果,在缝制和调整版型时,省缝要调整至与人体体型相符,分割线的设计和结构处理非常重要,还要在缝制前通过归拔工艺进一步造型,使衣片尽量与体型特征相吻合,当然,归拔工艺要考虑到面料的归拔性能,西服面料多采用便于归拔塑形的羊毛织物。

1. 前衣片的归拔(图 8 - 24)

(1) 将驳头止口线归直,里口边缘松起部位向胸部推散。

(2) 将腰省、腋下省归烫,体现腰部曲面。

(3) 把侧缝中腰处拔开,臀部归直,使衣片的曲线与人体的曲线相吻合,将前袖窿略归一下。

(4) 推烫肩头,使肩头产生翘势。

(5) 归烫底边,使底边不产生还口,略有窝势。

(6) 推烫胸部,使胸部饱满。

2. 后衣片的归拔

(1) 把后片背缝归拔呈直线状:将背部胖势归成直线,把侧缝中腰处拔开,对侧缝臀部的凸势进行归缩处理,余量推到臀部,再反向把袖窿略归一下。

(2) 归拔侧缝呈直线状:把侧缝中腰处拔开,侧缝臀部的凸势进行归缩处理,余量推到臀部。

(3) 肩头归缩,肩头的横丝推向肩胛部位。

3. 侧片归拔侧缝呈接近直线状

把侧缝上段归拢,中腰处拔开,臀部归直。

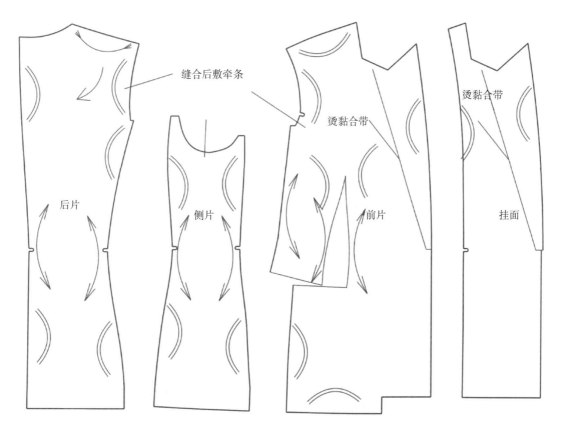

图 8 - 24

4. 袖片的归拔

将大袖片前袖缝的袖肘处拔开,袖肘偏袖线处略归,前袖缝上段略归,将袖偏向里弯的弧线拔成向外弯,后袖缝袖肘以上归拢,袖山吃势抽缩后整烫定型上袖(图8－25)。

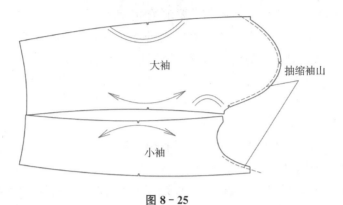

图 8－25

5. 立体造型(图 8－26)

(1) 观察衣身结构,用大头针进行调节,袖窿造型和深度尺寸可测量,为袖子制版作铺垫。

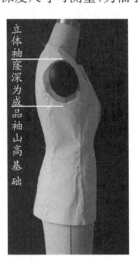

图 8－26

(2) 两片袖立体造型:用斜纹布条抽缩大袖袖山的吃缝量,整烫调整造型(图8－27)。

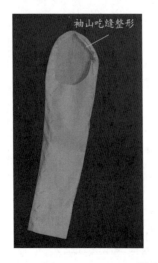

图 8－27

178

（3）按绱袖对位记号，用隐藏针法绱袖，依据人体手臂的自然形态（图8-28），注重随时调整袖子前后的位置和吃缝量的变化，要求西服袖山前圆后登，袖山饱满，袖身自然向前，并有适当弯势，装好袖子后，重新调整对位记号。

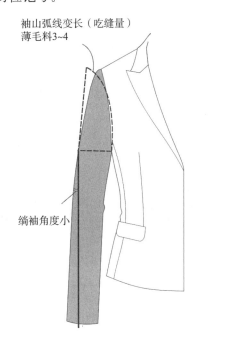
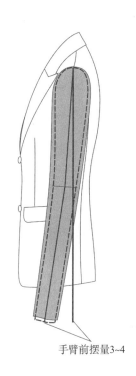

袖山弧线变长（吃缝量）
薄毛料3~4

绱袖角度小

手臂前摆量3~4

图 8 - 28

（4）按对位记号绱领，注重随时调整领子的造型，用铅笔点影，便于修改纸样（图8-29）。

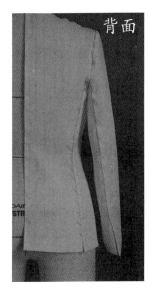

图 8 - 29

七、里布纸样的构成

（1）为了适应面料的伸展和活动，里料应留出松量，其松量的给法是在制作里布纸样时比面料的缝份多出约0.3cm，其多出的量在缝合后作为"眼皮"储备起来。

（2）下摆为适应面料的伸展而加入1.5cm的松量，在下摆暗缲缝时留出"眼皮"（图8-30）。

（3）里布袖窿下面的缝份处于直立状态，缝份要用袖里包住，所以袖里底部的缝份为袖面的3倍约3cm（图8-30），底部缝份抬高后，袖山弧长变短，与袖窿弧长的长度相当，解决了面布吃势多、里布吃势少的问题（图8-31）。

（4）里布的结构一般与面布的结构相同或类似，但为了制作方便，里布结构较简单，在此处，里布结构作了省道转移的处理，将基础胸省和腰省设置在挂面与里布的分割线上，图8-32为前里布的生成过程。

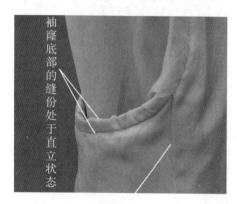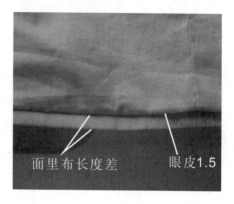

图8-30

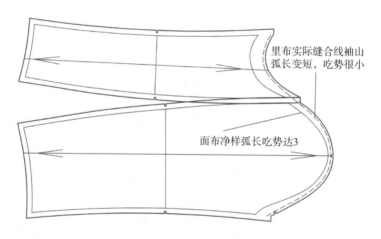

图8-31

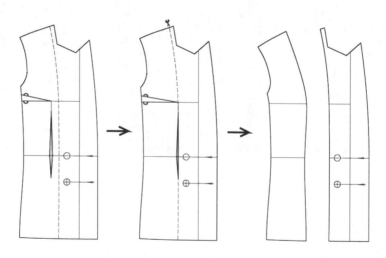

图8-32　前里布的生成过程

（5）里布纸样（未标注部分的缝份为1.3cm）（图8-33）。

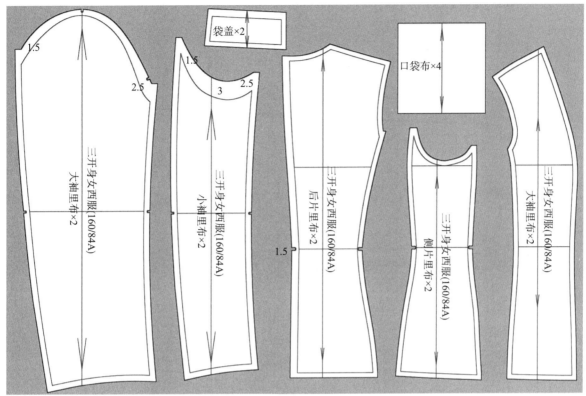

图8-33　里布纸样

第二节　公主缝女外套

　　公主缝结构是目前市场上女装常见的结构造型方法，分为弧形刀背缝和直刀背缝两种基本形式。结构分前中片、前侧片、后中片、后侧片。刀背缝设置在人体立体转折面的位置上，能很好地表现人体的立体关系。

一、弧形刀背缝女外套

（一）款式特征（图8-34）

衣身：四开身弧形刀背缝结构，较合体卡腰风格。

门襟：单排两粒扣。

衣领：平驳头西服领。

衣袖：两片弯身合体袖。

衣袋：左右腹部有双嵌线挖袋。

（二）规格设计（单位：cm）

后中长 $L=0.4G-6=0.4\times160-6=58$

胸围 $B=B^*+8-10=84+10=94$

腰围 $W=W^*+10=76$

臀围 $H=90+6=96$

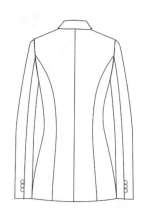

图 8 - 34

肩宽 S＝0.25B＋15.5＝0.25×94＋15.5＝39

基础 N＝0.25B＋12.5＝0.25×94＋12.5＝36

袖长 SL＝0.3G＋9＝0.3×160＋9＝58

袖口 CW＝0.1B＋4＝0.1×94＋4＝13

袖窿深 BLL＝0.2B＋6＝0.2×94＋6＝24

（三）原型应用

应用四省胸臀原型进行结构设计。

将肩省量分为四部分：一部分转移至肩部为缩缝 0.7cm，一部分为袖窿归拢量，一部分转移至分割线上为 0.3cm 归拢量，一部分为背缝归拢量。

外套穿着层次，背长拉开 0.5～1cm。

胸省量为 15：3，其余作为袖窿松量和归拢量。

考虑驳头处的合体性，此处不设劈胸量（图 8－35）。

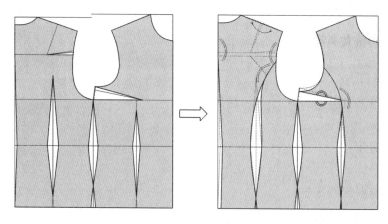

图 8 - 35

（四）结构设计

1. 大身结构设计（图 8－36）

制图胸围：按 B/2＋省损量 2cm 和布厚增量 0.7cm 作图，工业纸样不设劈胸量。

前后横开领:在基础领窝基础上开大 1cm 或 1.5cm。

门襟:单门襟两粒扣,弧形造型下摆自最后一粒扣位置开始设计弧度。

胸省:在袖窿底取 15∶3,待底稿完成后,转移省道,修正相关部位线条。

袖窿:合并省道后要修正画圆顺;袖窿弧长约为 B/2−2cm。

挂面:在肩线处取 3~5cm,在下摆处离前中心线 7~9cm。

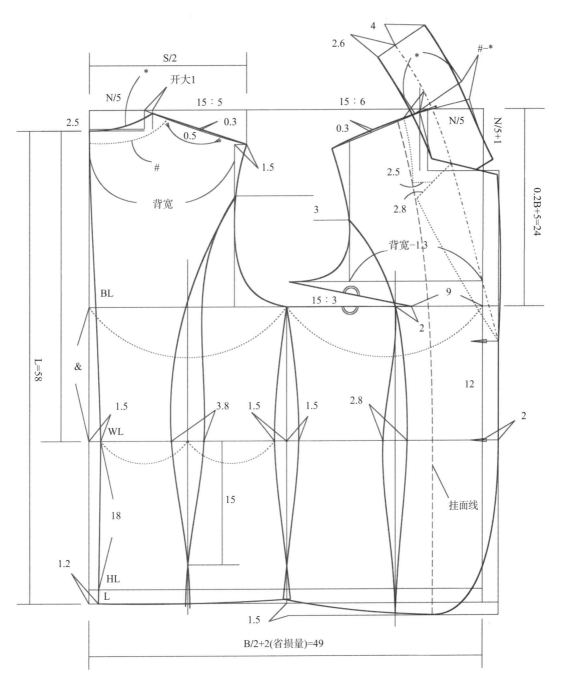

图 8-36

2. 胸省的转移

将胸省转移至前公主线中,在离 BP 点 2cm 处未转移的小省缝作归拢量,便于塑造胸部凸起的造型,为注意画顺线条,靠内侧公主线比外侧线条长 0.3cm 左右,在近 BP 点处两端作刀眼(图 8-37)。

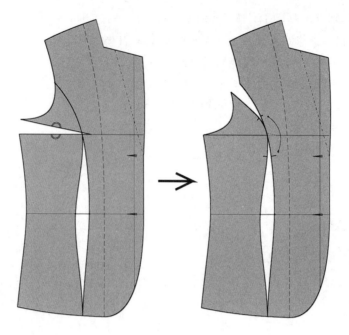

图 8 - 37

3. 衣领结构设计

衣领为单排扣平驳头翻折领结构,作图和结构处理方法见本章第一节三开身女西服领(P167)。

4. 衣袖结构设计

女装两片西服袖为常用女装袖结构,可参考三开身西服袖结构制图,差别在于三开身西服袖结构接近男装袖,袖口前偏量较大,袖身弯曲度较大,袖山顶点后偏量为 2cm,本例中袖山顶点后偏量为 1cm (图 8 - 38)。

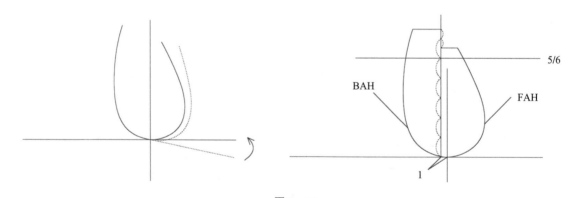

图 8 - 38

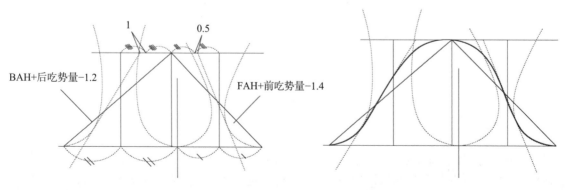

图 8 - 39

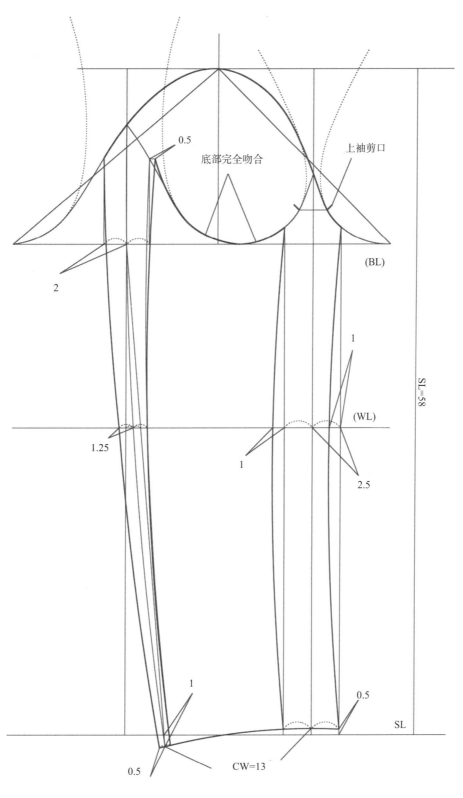

图 8 - 40

关于两片袖西服袖结构常见三种后袖缝设置形式：

（1）一种是上下都设置后袖偏量（图 8 - 41）。

（2）一种是上设置后袖偏量，下部不设后袖偏量（或 0.5cm）（图 8 - 40）。

（3）另一种是类似男西服设置后袖偏量，上下部不设后袖偏量（实际上部约1cm相当于劈量）（见三开身女西服男装式西服袖制版）。

本案例合体弯身袖结构，不开袖衩。

上袖偏量2～2.5cm，下袖偏量1.5～2cm。

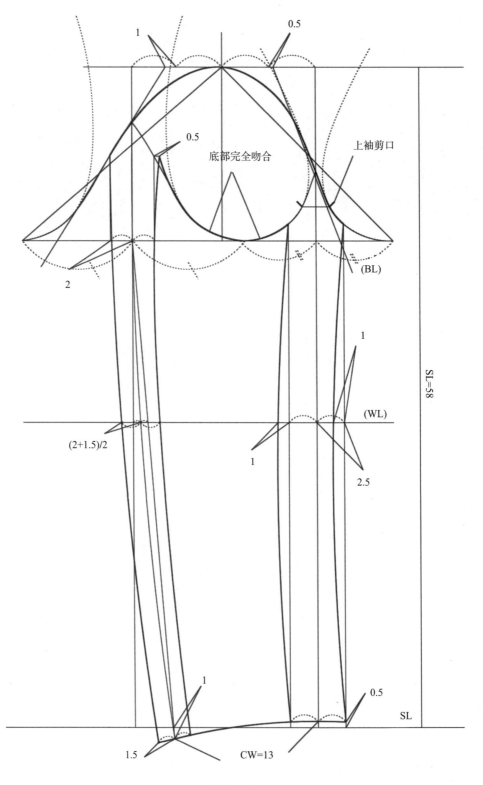

图 8－41

（五）纸样制作

面布纸样见图 8-42,里布纸样略。

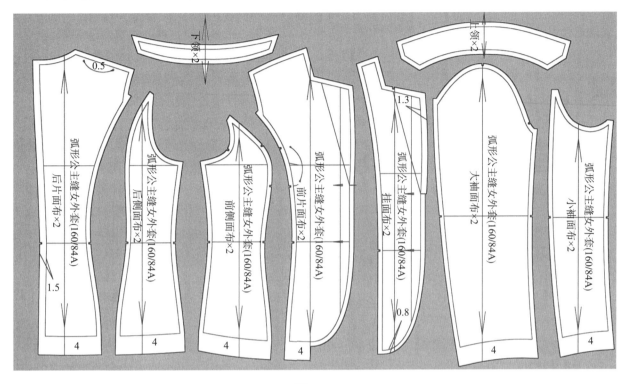

图 8-42

（六）立体造型

四面体弧形公主线西服,强调立体造型感,体现胸凸腰凹,在缝制和调整版型时,省缝要调整至与人体体型相符,分割线的设计和结构处理非常重要,还要在缝制前通过归拔工艺进一步造型,使衣片尽量与体型特征相吻合。当然,归拔工艺还要考虑到面料的归拔性能,西服面料多采用便于归拔塑形的羊毛织物。

1. 弧形公主线西服的衣片的归拔(图 8-43)

前衣片、前侧片的归拔:

(1) 将驳头止口线归直,里口边缘松起部位向胸部推散,翻折线用黏合带拉烫。

(2) 中腰处拔开,臀部归直,使衣片的曲线与人体的曲线相吻合,前袖窿略归一下。

(3) 肩头推烫,使肩头产生翘势。

(4) 归烫底边,使底边不产生还口,略有窝势。

(5) 推烫胸部,使胸部饱满,前中片弧形分割线在 BP 点段有吃势,需要对刀眼。

后衣片、后侧片的归拔:

(1) 背缝归拔呈直线状:背部胖势归成直线,中腰处拔开,将臀部的凸势进行归缩处理,余量推到臀部,再反向把袖窿略归一下。

(2) 归拔分割缝呈直线状:中腰处拔开,侧缝臀部的凸势进行归缩处理,余量推到臀部。

(3) 肩头归缩,肩头的横丝推向肩胛部位。

袖片的归拔:见三开身女西服袖片归拔。

2. 其他注意事项

对裁片进行归拔处理后,先缝合大身部分,胸部饱满有胖势,卡腰圆顺流畅,背部服帖,袖窿处敷牵条不外翻。

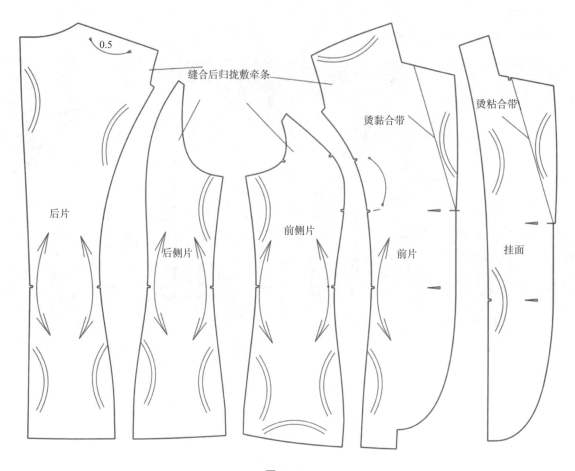

图 8-43

袖山缝合后弯势自然,按绱袖对位记号,用隐藏针法绱袖,依据人体手臂的自然形态,注重随时调整袖子的前后位置和吃缝量的变化,要求西服袖山前圆后登,袖山饱满,袖身自然向前,并有适当弯势,装好袖子后,重新调整对位记号。

西服领面平服,领口要有窝势,不向外翘,串口线平直,松紧适宜,不露装领线,后中处翻折量在0.5cm 左右。

图 8-44 为坯布大头针假缝立体造型效果。

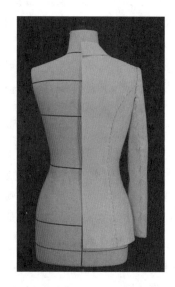

图 8-44

二、直刀背缝公主线青果领上装

(一)款式特征(图8-45)

衣身:四开身直刀背缝公主线结构,前片双嵌线口袋,卡腰合体风格。

门襟:单排三粒扣。

衣领:青果领,领面与挂面连成一体,而领里则与衣身间有分割。

衣袖:两片弯身合体袖。

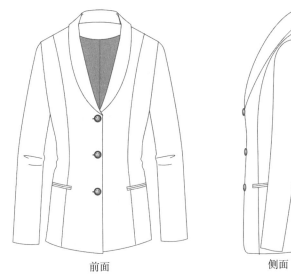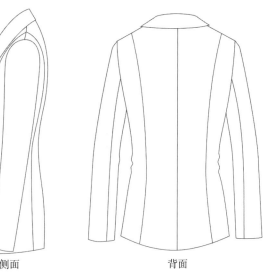

前面　　　　　　　　　　侧面　　　　　　　　　　背面

图8-45

(二)规格设计(单位:cm)

后中长 $L=0.4G+4=0.4\times160+4=68$

胸围 $B=B^*+8-10=84+10=94$

腰围 $W=W^*+10=66+10=76$

臀围 $H=H^*+6=90+6=96$

肩宽 $S=0.25B+15.5=0.25\times94+15.5=39$

基础 $N=0.25B+12.5=0.25\times94+12.5=36$

袖长 $SL=0.3G+9=0.3\times160+9=58$

袖口 $CW=0.1B+4=0.1\times94+4=13$

袖窿深 $BLL=0.2B+6=0.2\times94+6=24$

(三)原型应用

应用四省胸臀原型进行结构设计。将肩省量的一部分转移至肩部为分割缝省约1cm,其余作为袖窿归拢量,在袖窿、分割缝肩胛端、后中心背缝线作适当归拢量塑造立体感,以符合人体立体形态。

外套穿着层次,背长拉开0.5~1cm。

将前片原型胸省转移至肩线,其余作为袖窿松量和归拢量。

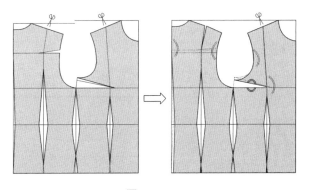

图8-46

考虑驳头处的合体性,此处不设撇胸量(图 8 - 46)。

(四)结构设计

1. 衣身结构设计(图 8 - 47)

制图胸围:按 B/2+省损量 2cm 和布厚增量 0.7cm 作图,工业纸样不设劈胸量。

前后横开领:在基础领窝基础上开大 1.5cm。

门襟:单门襟三粒扣,叠门宽 2cm。

胸省:在袖窿底取 15∶3,待底稿完成后,转移省道至直刀背缝,肩胛省道至直刀背缝,再进行线条修正,使造型与人体结构吻合(图 8 - 48)。

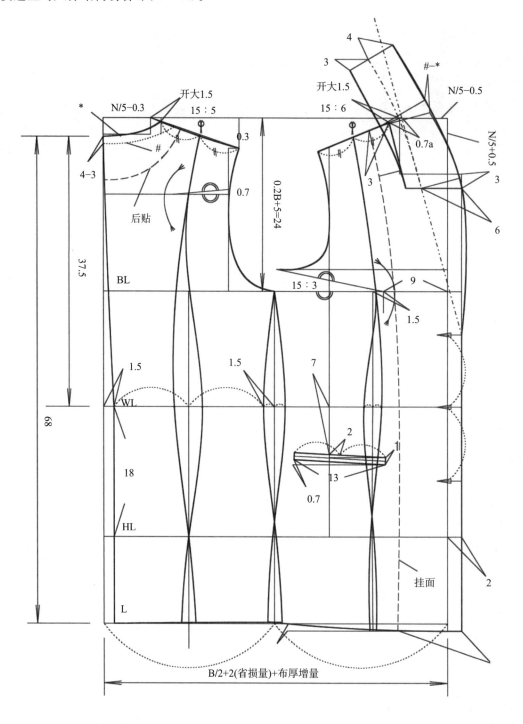

图 8 - 47

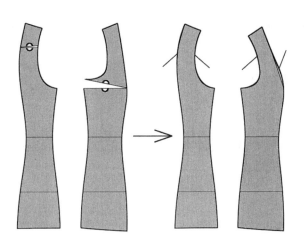

图 8 - 48

袖窿：合并省道后要修正圆顺；袖窿弧长约为 B/2－2cm。

挂面：在肩线处取 3～5cm，在下摆处离前中心线 7～9cm。

2. 两片西服袖

结构参考第一节"三开身女西服"袖结构设计方法(P167)。

3. 青果领结构

此款式青果领为翻领和挂面连在一起的结构，先将领里装在衣身上，再从前门襟开始接着领外围车缝(图 8 - 49)。

图 8 - 49

结构制图时，参考弧形公主线西服领的作图方法，先作出翻驳领结构图，在挂面的上端切割一块与衣领交叉的一段并与后领贴拼合，余下的作为领面与挂面相连，领里则与大身在串口线处分割，为便于裁剪，将挂面在翻折止点以下 7～8cm 左右斜向分割拼接处理(图 8 - 50)。

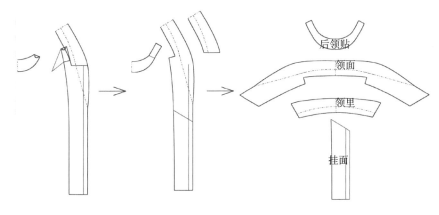

图 8 - 50

领面与领里的收缩翻折线工艺参考"三开身女西服"领结构(P172)。

（五）纸样制作

将结构图上的相关线条拓在制作纸样的白纸上,面布纸样见图 8-51。

（1）胸省、肩省转移后,修正部分线条的造型。

（2）口袋位的修正。

（3）分割结构在生成纸样后要做拼合检查,检查对应部位是否等长或有预留的缝缩位,对合肩位,检查袖窿、领窝、分割缝等是否圆顺。

（4）画上纸样技术标记,如纱向、名称、剪口等符号。

以下纸样不包括:

袖子的制作与纸样参考"弧形公主缝女西服"(P181)。

口袋的定位参考"三开身女西服"(P167)。

里布纸样。

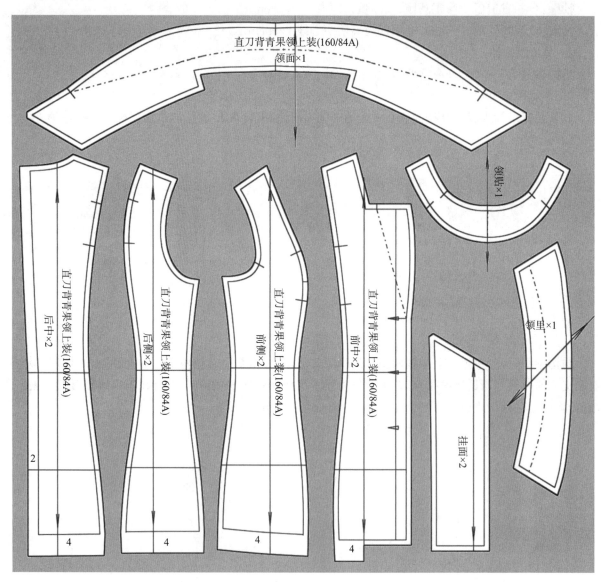

图 8-51

（六）立体造型

参考弧形公主线女西服进行裁片工艺处理和坯布样衣制作（图8-52）。

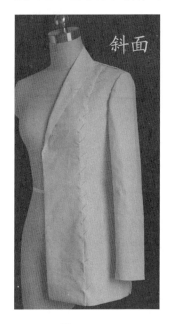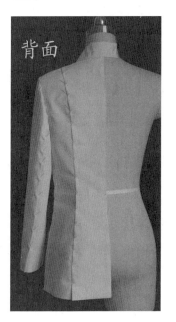

图8-52

第三节　断腰式泡泡袖弧线形驳领上装

一、款式特征

衣身：四开身，腰围剪接式，腰围以上为弧线形公主线分割结构。

门襟：单排三粒扣。

衣领：翻折线为弧线形的翻驳领。

衣袖：两片弯身合体泡泡袖（图8-53）。

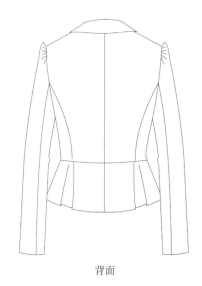

前面　　　　　　　　　　　侧面　　　　　　　　　　　背面

图8-53

二、规格设计（160/84A）（单位：cm）

后中长 $L=0.3G+5=0.3×160+5=53$

胸围 $B=B^*+8-10=84+10=94$

腰围 $W=W^*+10=76$

肩宽 $S=0.25B+15.5=0.25×94+15.5=39$

基础 $N=0.25B+12.5=0.25×94+12.5=36$　横开领开大 1.5

袖长 $SL=0.3G^*+9=0.3×160+9=58$

袖口 $CW=0.1B+4=0.1×94+4=13$

袖窿深 $BLL=0.2B+5=0.2×94+5=24$

三、原型应用

将四省原型肩省量闭合至 1/2 作袖窿归拢量，1/2 转移至肩部为缩缝约 0.7cm；围绕在背缝和公主线归拢部分量，推至肩胛骨附近形成立体凸起。

将前片原型下放 1cm，胸省量为 15∶3 转移至腋下省，再合并省缝转移至分割线，省尖处形成小省，其余作为袖窿松量和归拢量。

考虑驳头处的合体性，此处不设撇胸量（图 8-54）。

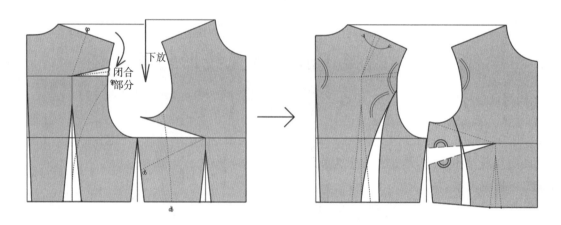

图 8-54

四、结构设计

1. 衣身结构设计（图 8-55）

制图胸围：按 B/2＋省损量 2cm 和布厚增量 0.7cm 作图，工业纸样不设劈胸量。

前后横开领：在基础领窝基础上开大 1.5cm。

门襟：单门襟三粒扣，叠门宽 2cm。

胸省：在袖窿底取 15∶3，待底稿完成后，转移省道至分割缝，再进行线条修正，使造型吻合人体结构。

袖窿：泡泡袖肩宽在基本肩宽上减小 1.5～2cm，袖窿在拼合各分割衣片后要修正圆顺；袖窿弧长约为 B/2－2cm。

挂面：在肩线处取 3～5cm，在下摆处离前中心线 7～9cm，在断腰节处不作分割。

前后下摆的纸样：在设计环浪结构时，前波浪的切展量小于后波浪的切展量（图 8-56）。

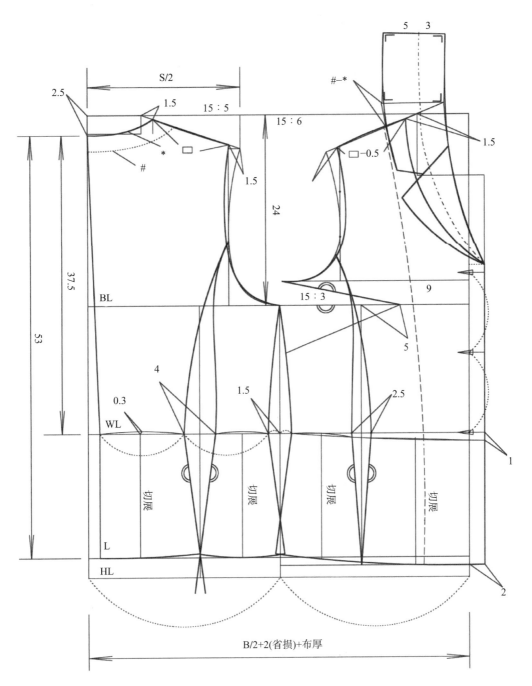

图 8 - 55

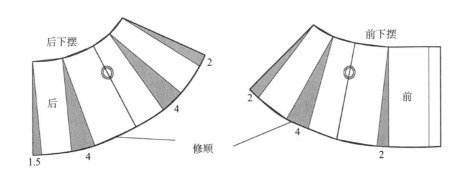

图 8 - 56

2. 两片西服袖结构参考第二节"公主缝女外套"袖结构（P186）

泡泡袖的制作过程：

（1）参考"公主缝女外套"袖制图方法完成两片袖结构图，拷贝大小袖，取大袖袖山部分作辅助线，作为袖山顶部切展部分（图8-57）。

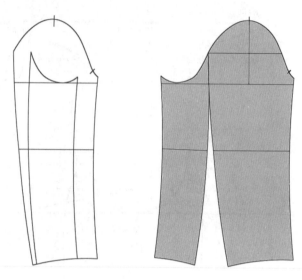

图 8-57

（2）将袖山顶部切展，画顺袖山弧线，注意袖窿底部曲线仍与袖窿底部曲线保持吻合不变（图8-58）。

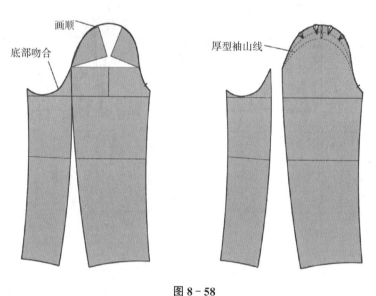

图 8-58

3. 弯驳领结构

弯驳领的驳头与衣身分离，翻折线为弧形，领面比较平坦（图8-59）。

（1）设计领座高度为a，翻领高度为b，弧形翻折线的翻折基点离肩颈点0.7a，在前肩斜延长线上领座高度a，翻领高度b，并在后领窝 * 上绘制外沿线♯，如图8-60所示。

（2）按图8-61在前领位置绘制驳头和前领造型，弧形翻折线的长度为前领窝长 &-1cm，画顺前领结构，以前领弯线端点为圆心，以a+b为半径画弧，弦长为♯-*，以此为基础边，作边长 a+b 和 * 的矩形，画顺相关结构线，即弧线形弯驳领结构。

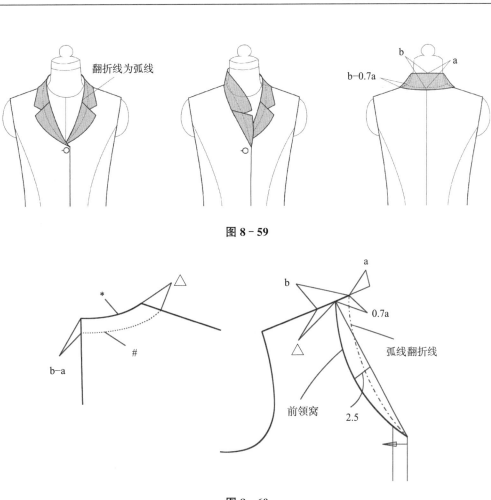

图 8 - 59

图 8 - 60

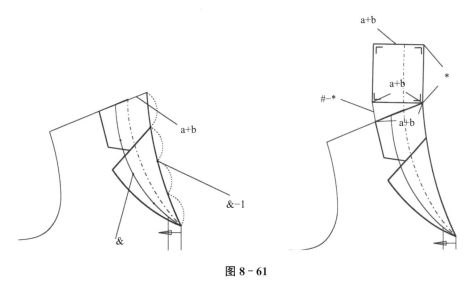

图 8 - 61

五、纸样制作

（1）胸省的转移（图 8 - 62）：作辅助线，将胸省转移至前门襟处，画弧形分割线，再将胸省转移至款式位置并修正省道。

（2）弯驳领的工艺处理参考"三开身女西服"领（P167）

（3）袖子的制作与纸样参考"公主缝女外套"（P181）

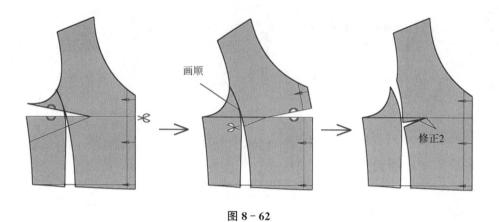

图 8－62

（4）里布纸样略（可参考三开身女西服）。

（5）面布纸样与放缝、标注见图 8－63，未标注部分缝份为 1cm。

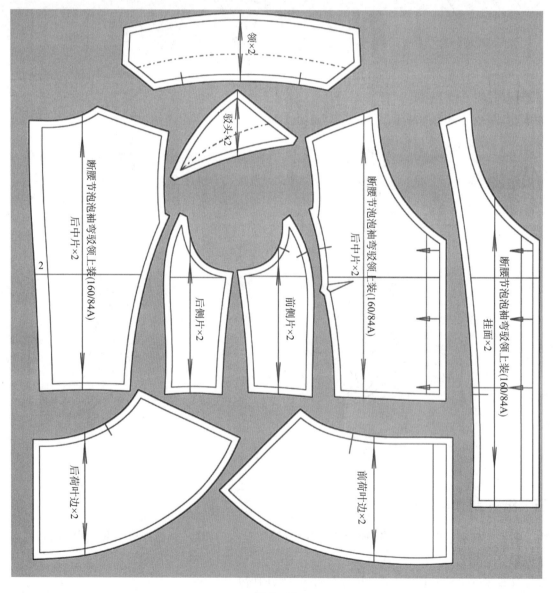

图 8－63

六、立体造型

弧形公主线与波浪结构下摆相结合,强调上身与人体吻合的立体造型感和下摆波浪的活泼感,在缝制和调整版型时,分割线要调整至与人体体型相符,分割线的设计和结构处理非常重要,缝制前可参考公主缝女外套作一些归拔造型。

在进行裁剪时,要注意用料的纱向,在荷叶下摆,前门襟处纱向与门襟平行,且纸样制作时,前下摆的波浪量小,便于前下摆平服,不搅盖。

弯驳头处的纱向呈斜向,有利于领下口拔开(1cm 左右)和弧形造型的塑造。

泡泡袖的袖山要用三角形褶裥(图 8-64)。

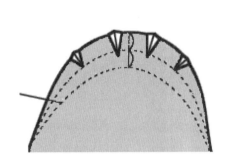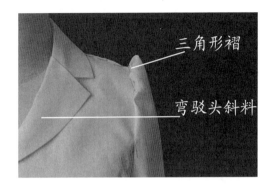

图 8-64

图 8-65

第四节　牛仔短夹克

一、款式特征

衣身结构:较合体短夹克,前片横向育克分割,带袋盖胸袋,纵向双分割线,后片肩背横向育克分割,纵向分割线,平下栏,后侧各一调节襻(耳仔),全件双明线工艺;适用牛仔面料或粗犷的麻棉面料。

门襟:单门襟5粒扣,挂面压明线。

衣领:直翻领。

衣袖:两片分割式长袖,平口袖克夫(图8-66)。

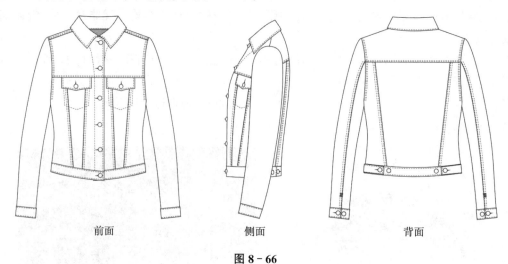

前面　　　　　　　　侧面　　　　　　　　背面

图 8－66

二、规格设计(单位:cm)

按 160/84A 较宽松风格规格设计

L＝FWL＋12＝40＋12＝52(腰节下 12)

袖长 SL＝0.3G＋9＋3＝0.3×160＋9＋3＝60

肩宽 S＝39

成品胸围 B＝B*＋16＝100

摆围＝B－8＝86

基础领围 N＝39(在此基础上开大)

后领高＝7

袖克夫高＝4,长 25

三、制版原理(图8-67)

(1)肩省量分三部分,一部分为后肩缩缝,一部分为后育克省缝 0.5cm,一部分为后袖窿宽松量。

(2)胸省分为三部分,下放 1cm,部分转入腰省,余下作为袖窿松量。以原型操作后的结构线为基础,绘制前、后片基础线,前中心放出 2cm 叠门量。

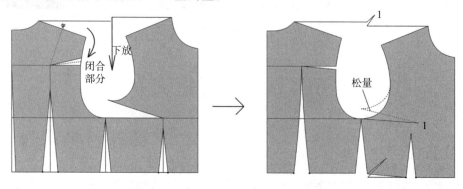

图 8－67

四、结构图

1. 衣身结构(图 8－68)

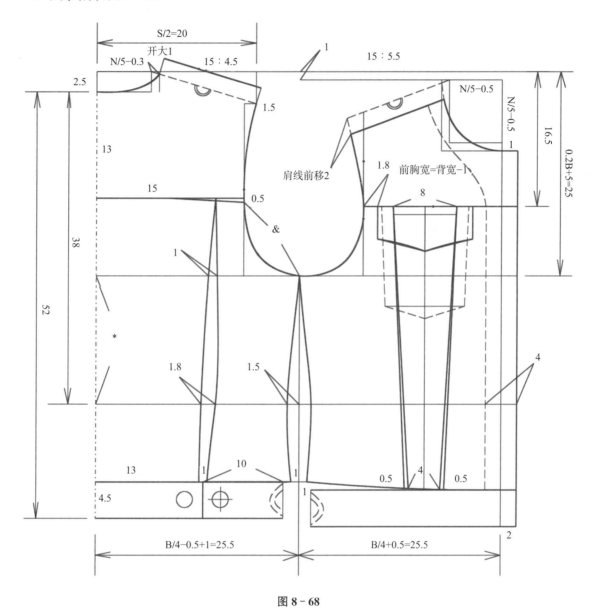

图 8－68

制图胸围 B/2＋1cm 省损量,在基础领围上开大 1cm,为体现牛仔服男性化风格,将肩缝前移 2cm。胸袋结构见图8－69。

2. 衣领结构:直线翻折线型翻领作图可参考第六章第二节衬衫翻领作图方法,也可用定寸法如图 8－70 所示作图。

3. 分割袖结构

(1)复描前后袖窿,取前后袖窿深约 4/5 为袖山高,为使袖子有前摆,袖山顶点向后移 1cm,依据面料和袖子特征,可设置袖山吃势量为 2cm 左右,后吃势量比前吃势量大 0.3cm 左右,以 FAH＋前吃势量－1.4cm 和 BAH＋让后吃势量－1.2cm 作前后袖山斜线,可得出袖肥和袖山高(图8－71)。

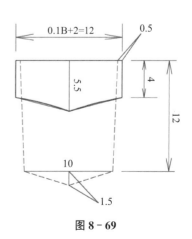

图 8－69

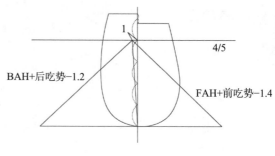

图 8 - 70

图 8 - 71

（2）以前后袖肥中心线为对称线复描前后袖窿弧线，以袖山顶点至袖肥线中点偏移一定的量为基础绘制前后袖山弧线公切线，经袖山底部和袖山顶点、公切线为辅助线如图绘制袖山弧线，注意袖山底部与袖窿底部弧线接近，袖山头饱满，画顺，并检验袖山弧长是否与袖窿弧长配套，并进行一定的调整（图 8 - 72）。

（3）绘制分割袖袖身结构（图 8 - 73）。

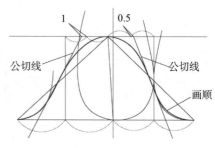

图 8 - 72

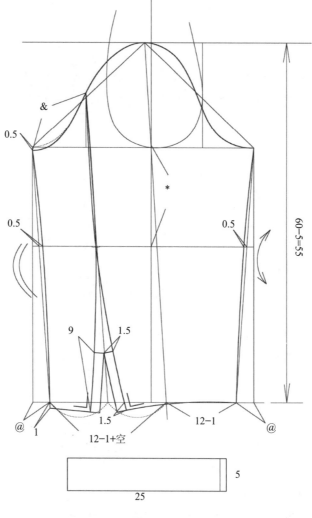

图 8 - 73

将袖山顶点至袖窿底点线连接,并延长至袖口长度线 60－5＝55cm 处,此时袖口中点向前偏移约 2cm,前袖口大小为 CW－1＝12－1＝11cm,后袖口大小为 CW＋1＝12＋1＝13cm,作图时,前袖口偏进量可量出为@,因袖向前偏移量设置在袖口分割处,故后边袖口偏进量同样设置为@,后袖口的大小包含袖口分割的空出量(即袖口省)。

将后袖窿分割点对应的后袖山上的点与袖口省画顺连接为大小袖分割线,注意线条的走向和袖口的直角处理。

(4) 胸袋和衣领结构(图 8－69、图 8－70)。

五、纸样放缝与标注

纸样放缝与缝型有关,本例中除缝份 2cm 处为包缝外,其他缝合处均为平缝(图 8－74)。

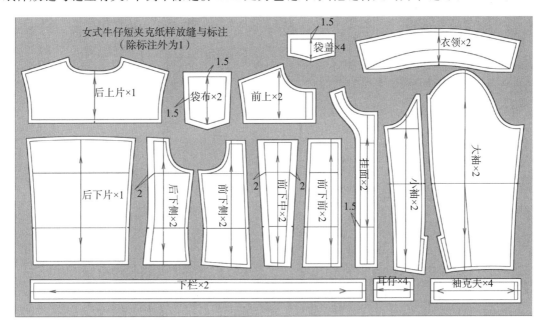

图 8－74

六、立体造型

牛仔短夹克着装效果如图 8－75 所示。

图 8－75

第五节 棒球服

一、款式特征

棒球运动服,较宽松直身短装,下摆、袖口、衣领等处为针织罗纹;三片式插肩袖,门襟拉链,前片设两个斜插口袋(图8-76)。

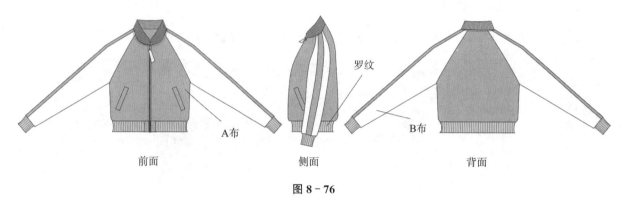

前面　　　　　　　侧面　　　　　　　背面

图8-76

二、规格设计(单位:cm)

按160/84A较宽松风格设计规格(表8-1)。

后中长 L=FWL+15=40+15=55

按圆装袖基本袖长 SL=0.3G+9+3=0.3×160+9+3=60进行插肩袖结构设计

按圆装袖基本肩宽 S=42进行插肩袖结构设计

胸围 B=B*+20=84+20=104

基础领 N=38(在此基础上横开领开大2cm)

罗纹领高=5.5,罗纹袖克夫=7,罗纹下摆=7

表8-1 系列规格表　　　　　　　　　　　　　　　　　　　单位:cm

号型	L	B	S	SL	CW	袋口	下栏高	袖口高	基础领N
155/80	53.5	100	41	58.5	23	15	7	5	37
160/84	55	104	42	60	24	15	7	5	38
165/88	57.5	108	43	61.5	25	15	7	5	39

三、制版原理

(1)肩省量作为袖窿宽松量。

(2)胸省分为两个部分,下放1cm,余下作为袖窿松量。以原型操作后的结构线为基础,绘制前、后片基础线(图8-77)。

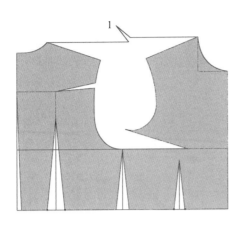
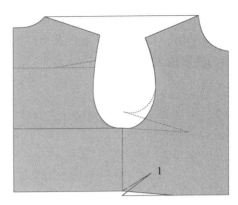

图 8 - 77

四、结构图

1. 后片结构(图 8 - 78)

以较宽松圆装袖结构基础作插肩袖结构,在本例中,将前后肩斜和前后袖绱袖角度设置为相同的结构(从人体工学出发,前肩斜大于后肩斜 2°,绱袖角度较小的插肩袖结构中前袖绱袖角度大于后袖绱袖角度 3°左右)。

在基础领窝上横开领开大 2cm,直开领开大 1cm,在圆装袖基础肩袖点上确定绱袖角度,袖山高取约 12.5cm。

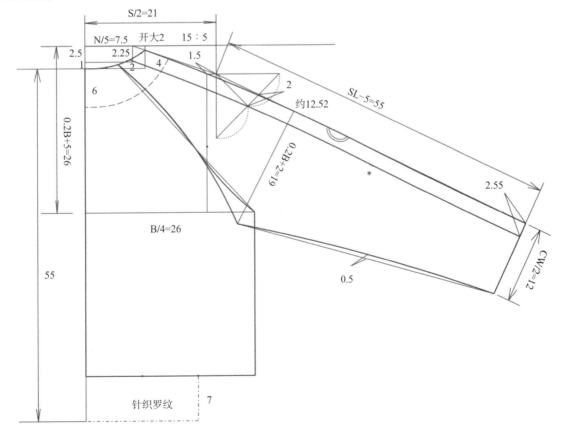

图 8 - 78　后片结构

2. 前片结构(图 8-79)

本例中插肩袖前片作图参数与后片取相同,前片衣长比后片长 1cm,在前片侧缝处下放 1cm,以取得前后片的衣身平衡。在基础领窝上横开领开大 2cm,直开领开大 1.5cm,在圆装袖基础肩袖点上确定缩袖角度,袖山高取约 12.5cm。

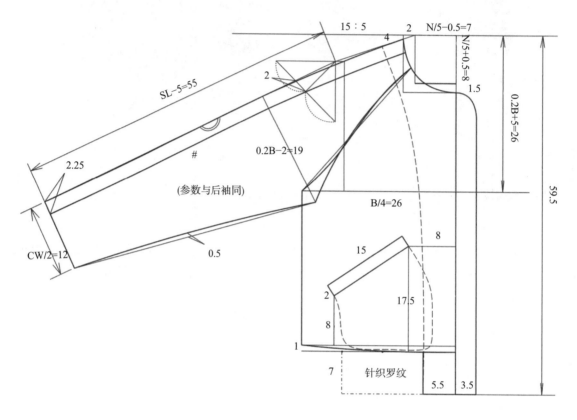

图 8-79 前片结构

插肩袖中间拼条与罗纹结构构成见图 8-80。

插肩袖中拼条在量取前后片结构图中拼条边长的基础上,画直处理。依据罗纹面料的特性,下栏、袖口、衣领做缩短处理,长度可试样后最终确定。

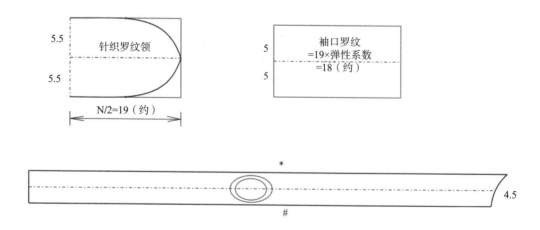

图 8-80 拼条与罗纹结构构成

五、纸样放缝与标注

1. 面布纸样（图 8 – 81）

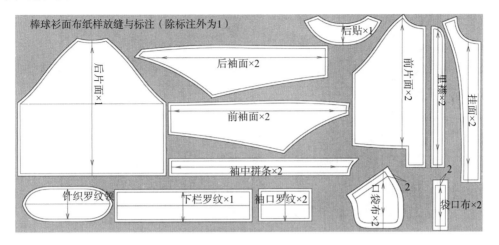

图 8 – 81

2. 里布纸样

内里结构见图 8 – 82。

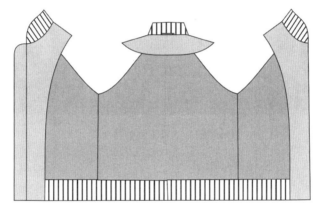

图 8 – 82　内里结构

里布纸样见图 8 – 83。

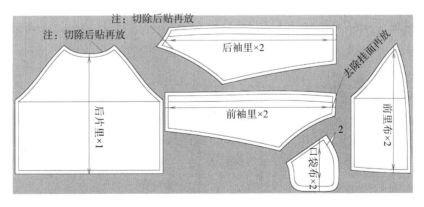

图 8 – 83　里布纸样

六、立体造型

试衣模特着装效果见图8-84。

图8-84　试衣模特着装效果

第六节　罗纹领休闲夹克

一、款式特征

较宽松直身短装，三种面料撞色设计，下摆、袖口、衣领为针织罗纹，前后片大身为 A 布，衣袖，领、下栏撞色块为 B 布；一片圆装袖，门襟拉链，前胸设两斜拉链袋，大袋为风琴贴袋(图8-85)。

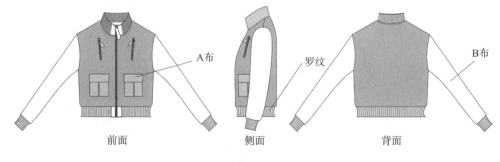

前面　　　　　　　　　　侧面　　　　　　　　　　背面

图8-85

二、规格设计(单位:cm)

按 160/84A 较宽松风格进行规格设计,系列规格见表 8 – 2。

后中长 L=FWL+15=40+15=55

袖长 SL=0.3G+9+3=0.3×160+9+3=60

肩宽 S=43

胸围 B=B*+20=84+20=104

基础领 N=38,在此基础上开大领窝

罗纹领高=8,罗纹袖克夫=8,罗纹下摆=8

表 8 – 2 系列规格表　　　　　　　　　　　单位:cm

号型	L	B	S	SL	CW	袋口	下栏高	袖口高	基础领 N
155/80	53.5	100	42	58.5	23	14	8	8	37
160/84	55	104	43	60	24	14	8	8	38
165/88	57.5	108	44	61.5	25	14	8	8	39

三、制版原理

(1)肩省量作为袖窿宽松量,在后肩缝依面料设置一定的缩缝量。

(2)胸省分为两部分,下放 2cm,余下作为袖窿松量。以原型操作后的结构线为基础,绘制前、后片基础线(图 8 – 86)。

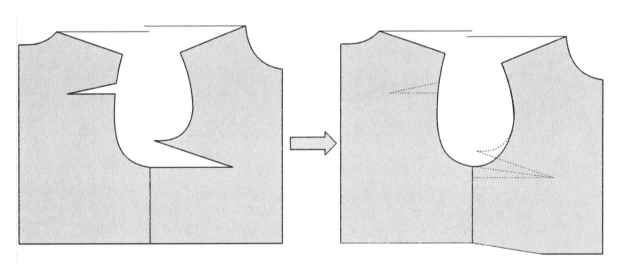

图 8 – 86

四、结构图

(1)按宽松结构胸围 B/2 作图,前后胸围平均分配,罗纹领在基础领窝前后横开领开大 2cm(图 8 – 87)。

(2)衣袖、罗纹结构(图 8 – 88)。

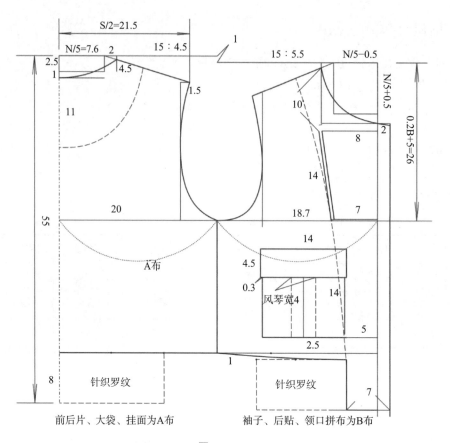

图 8 - 87

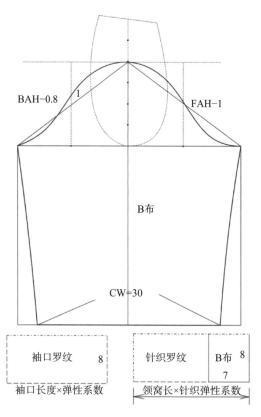

图 8 - 88

（3）风琴袋的结构（图 8‑89）。

袋盖比袋身依面料的厚薄宽出一定的量，袋盖上袋与口袋开口位置一般空出 1～2cm 作为活动空间。

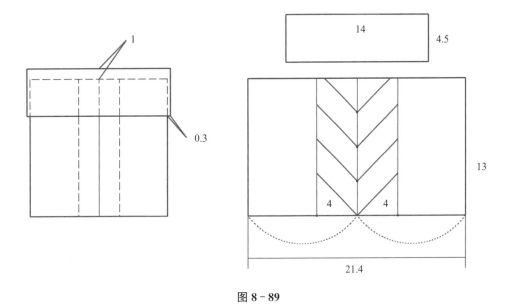

图 8‑89

五、纸样放缝与标注

1. A 布纸样（图 8‑90）
2. B 布纸样（图 8‑91）
3. 罗纹、里布纸样略

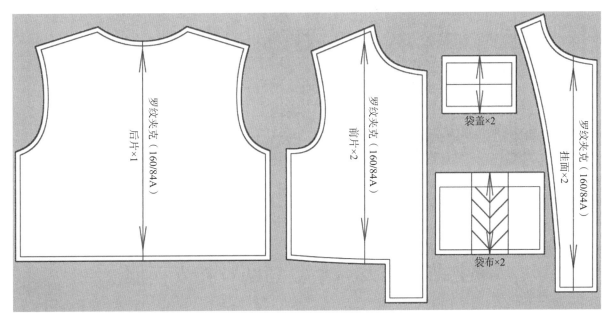

图 8‑90　A 布纸样

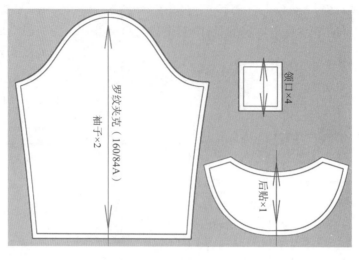

图 8 - 91 B 布纸样

六、立体造型

样衣制作要点：

（1）不同面料在缝合时因面料属性不同在纸样上会产生较大差异，在样衣裁剪和缝制时宜积累调整参数，如袖山的吃势量，可绱袖完成后调整纸样，衣领、袖口、下摆罗纹在纸样制作时通常按 2/3 取值，因罗纹材料、织法、密度不同，样衣缝制后宜试穿后进行修正。

（2）通过动态和静态试衣，观察着装效果，按设计要求进行纸样的调整与修正（图 8 - 92）。

图 8 - 92 试衣效果

第七节 男友风平驳领两粒扣女西服

一、款式特征

三开身结构，较宽松腰，肩部较宽的男性化风格，单排两粒扣，平驳头西服领，两片弯身袖（图 8 - 93）。

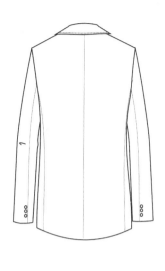

图 8-93

二、规格设计(单位:cm)

按 165/86A 较宽松风格进行规格设计,体现男性化风格。

后中长 L=0.6G+6=64+6=72

袖长 SL=0.3G+9+2=0.3×160+9+2=59

肩宽 S=43

胸围 B=B*+20=86+20=106

三、原型应用

(1)调出六省胸臀原型,将肩省量分为三部分,一部分留肩部缩缝 0.6cm,一部分为袖窿归拢量,一部分为背缝归拢量。

(2)胸省分化为两部分,一部分为撇胸量,一部分为袖窿松量和袖窿省待处理量(图 8-94)。

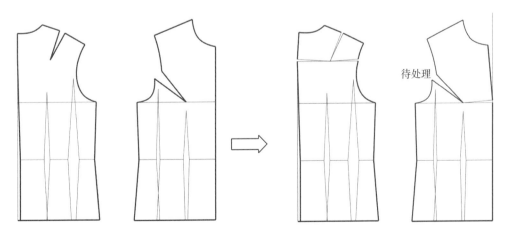

图 8-94

四、结构设计

（1）制图胸围按 B/2＋省损量 1cm，后中长 72cm 作出衣身框架。

（2）肩省 1cm 留 0.6cm 作缩缝，胸省转 0.5cm 至前中作为撇胸量，0.5cm 为袖窿松量，胸省 1.4cm 作为待处理量（图 8-95）。

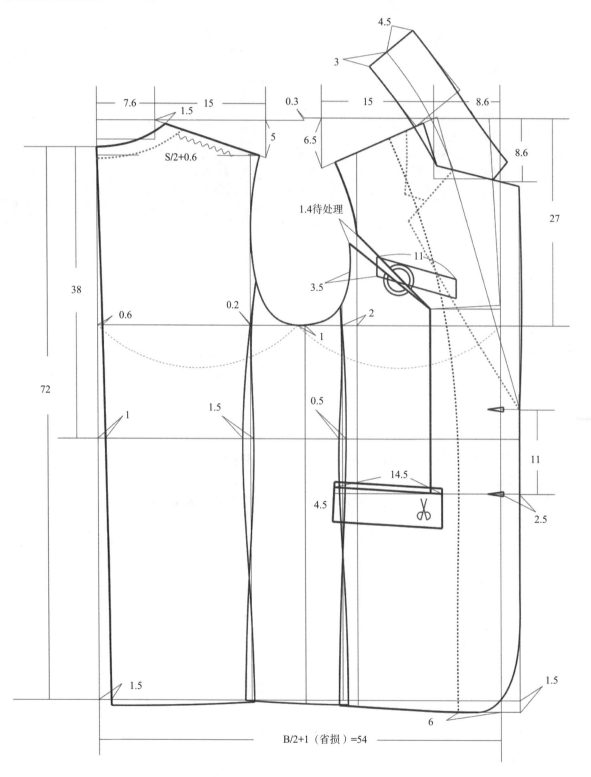

图 8-95

（3）前片胸省转移见图8-96。

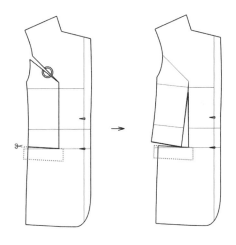

图 8-96

（4）袖子结构设计,参考男性化风格设计(图8-97)。

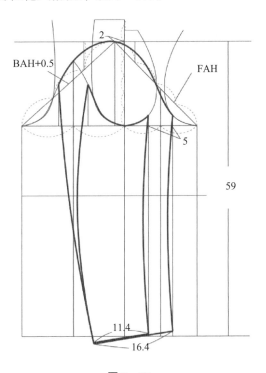

图 8-97

（5）领子结构分割处理(图8-98)。

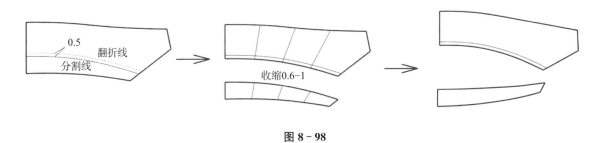

图 8-98

五、纸样制作

（1）面布纸样，未标注缝份为 1cm（图 8 - 99）。

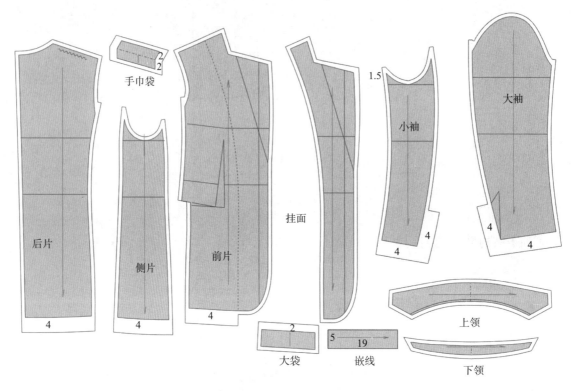

图 8 - 99

（2）里布纸样在净样上放出，未标注放出量为 1.3cm，其他配置按图上尺寸提示进行（图 8 - 100）。

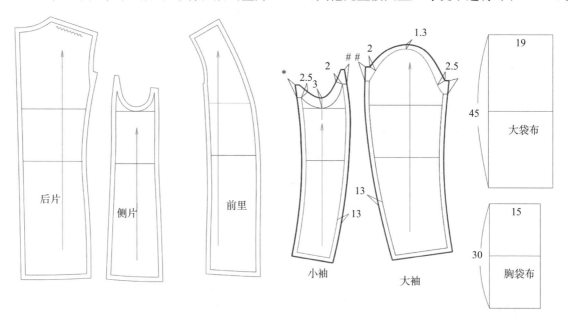

图 8 - 100

六、半坯立体造型(图 8 - 101)

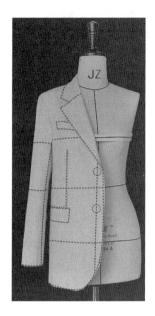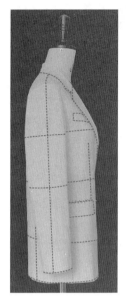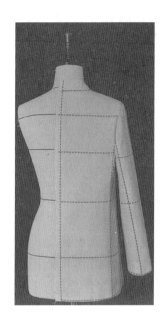

图 8 - 101　半坯立体造型

第九章　大衣、披风结构设计与立体造型

第一节　大衣的分类

　　大衣是穿在身体最外面的衣服,女式大衣源于十八世纪欧洲出现的男式大衣,女式大衣款式变化丰富;风衣一般指一种防风雨的薄型大衣,随着夏季防晒风衣的流行,现在风衣已扩展至春夏秋冬四季穿着,其造型较传统大衣更灵活多变,健美潇洒,美观实用。

　　大衣一般按长度、面料和用途和廓形等分类。

　　(1) 按衣身长度分类有长大衣、中大衣、短大衣。

　　长大衣:长度在膝盖以下,L＝0.6G＋9 以上

　　中大衣:长度在大腿中部左右,L＝0.5G＋10 左右

　　短大衣:长度在裆部左右,L＝0.4G＋6 左右

　　(2) 按面料构成分类有厚呢料、薄呢料、皮毛、棉布、羽绒等材料大衣。

　　(3) 按用途及功能可分为礼仪活动大衣、防寒大衣、防风雨大衣等。

　　(4) 按造型轮廓分类,大衣主要有箱形(H形)、吸腰阔摆形(X形)、茧形(O形)、斗篷形(A形)等四种(图 9-1)

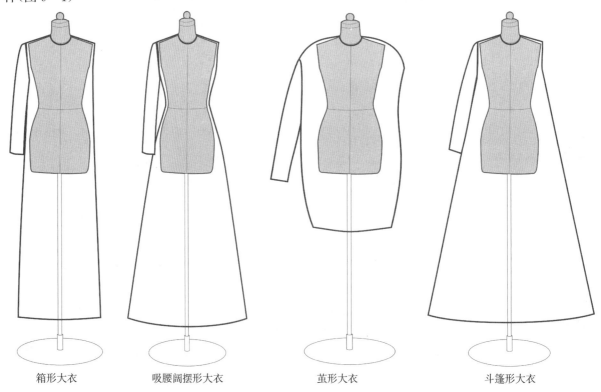

| 箱形大衣 | 吸腰阔摆形大衣 | 茧形大衣 | 斗篷形大衣 |

图 9-1 大衣的分类

箱形(H形)大衣:有如箱子的四方形造型,直线型的设计,不收腰或少量收腰,下摆也不特别宽大,有便于轻松穿着的宽松轮廓。

吸腰阔摆形(X形)大衣:上半身合体,下半身呈喇叭形造型,有漂亮的腰部曲线,多结合公主线的分割设计。

茧形(O形)大衣:肩部圆弧状凸起,中间鼓起,下摆收窄,整体造型呈茧形,常结合落肩袖设计。

斗篷形(A形)大衣:从肩部到下摆形成线条流畅的喇叭形。

第二节 驳折领两片袖箱形大衣

一、款式分析

衣身:直线型大衣,不卡腰,下摆略放大,简洁的暗门襟,后中开衩,便于运动。

衣领:领座低而领面宽的驳折领(图9-2)。

衣袖:两片袖,开袖衩。

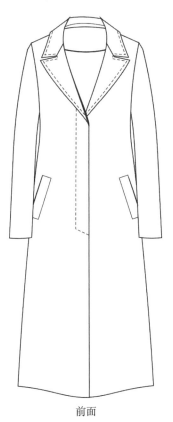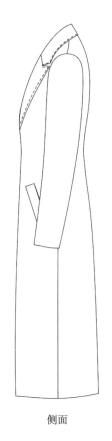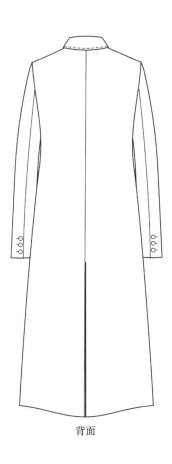

| 前面 | 侧面 | 背面 |

图9-2

二、规格设计(单位:cm)

基于大衣的穿着层次,本款式按较宽松偏合身的(160/84A)尺寸设计,胸围放松量放18cm。

$L=0.6G+9=0.6×160+9=105$

$B=B^*+18=84+18=102$

S＝0.25B＋15＝0.25×102＋15＝40

SL＝0.3G＋10~11＝0.3×160＋10＝58

CW＝0.1B＋5＝0.1×102＋5＝15

三、原型应用

应用宽腰型箱形原型进行结构设计。

（1）后片将肩背省转移部分至肩缝缩缝量约0.7~1cm（视面料的性能），其余作为袖窿的宽松量和制作时袖窿牵条归拢量。

（2）前片转移胸省约15∶2的量至领口省，其余作为袖窿的宽松量和制作时袖窿牵条归拢量（图9-3）。

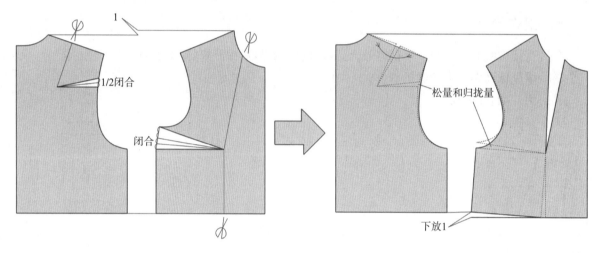

图9-3

四、结构设计

1. 大身结构制图（图9-4）

制图胸围：按B/2＋布厚增量0.7~1cm作图，工业纸样不设劈胸量。

前后横开领：在基础领窝基础上开大1.5或2cm。

单排扣暗门襟：以前中心线为基础，叠门宽3cm，以前中心线为对称线作出暗门襟结构线。

胸省：在袖窿底取15∶2，待底稿完成后，转移省道至领口。

袖窿：大衣的袖窿深比西服类服装偏深2cm左右，为0.2B＋7＝27.5cm。

斜插口袋：腰节线以下，胸宽线偏前位置，具体见图示尺寸。

挂面：在肩线处取5cm，在下摆处离前中心线7cm处。

2. 胸省转移的过程（图9-5）

将胸省转移至领口，并进行长度和位置的修正，省道隐藏在驳头和衣领下面。

3. 两片袖子结构图

作图方法和细节参考第八章第一节"三开身女西服"袖结构设计（图9-6、图9-7）。

4. 驳折领作图

底领a＝3.5，翻领b＝8.5，两者相差较大，作图过程可参考第八章第一节"三开身女西服"领结构设计。

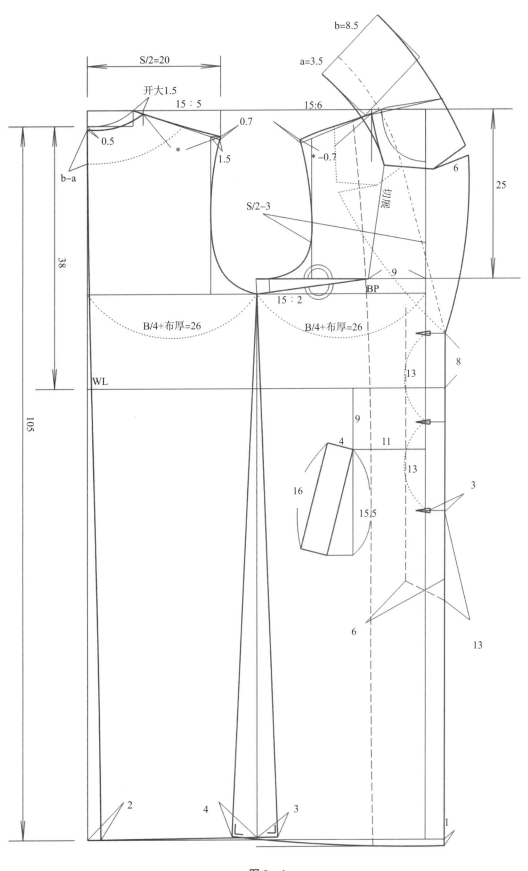

图 9 - 4

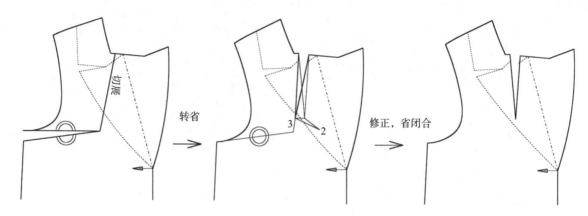

图 9 - 5

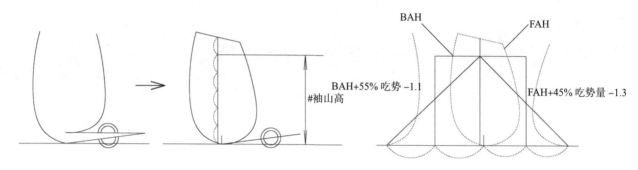

BAH

FAH

BAH+55% 吃势 -1.1
#袖山高

FAH+45% 吃势量 -1.3

图 9 - 6

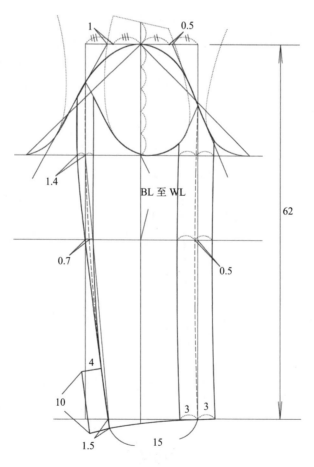

图 9 - 7

五、纸样制作

1. 驳折领的分割处理

翻领作分割处理收缩翻折线的方法与原理参考第八章三开身女西服领(图9-8)。

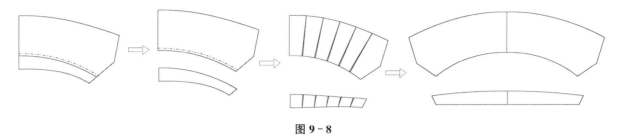

图9-8

2. 面布纸样

未标注部位缝份为1.3cm(图9-9)。

3. 前片里布作省道转移处理

里布放缝参考八章三开身西服里布(图9-10)。

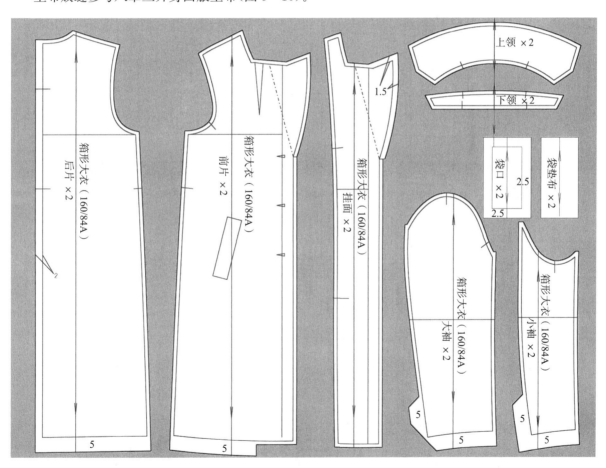

图9-9

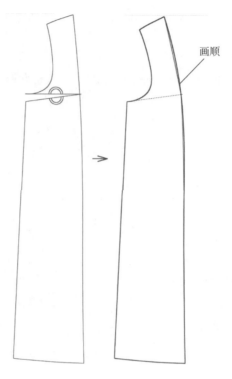

画顺

图 9 - 10

六、立体造型

1. 大衣的大身与衣领的白纸立体造型(图 9 - 11)

正面

侧面

背面

图 9 - 11

2. 袖子白纸立体造型(图9-12)

 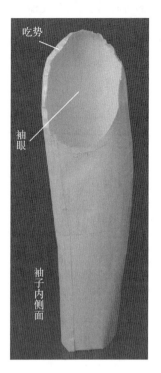

图 9 - 12

第三节　插肩袖立领喇叭形大衣

一、款式分析(图9-13)

衣身:直线型大衣,不卡腰,下摆略放大,简洁的暗门襟,后中开衩以便于运动。
衣领:领座低而领面宽的驳折领。
衣袖:两片袖,开袖衩。

前面　　　　　　　侧面　　　　　　　背面

图 9 - 13

二、规格设计(160/84A)(单位:cm)

基于大衣的穿着层次,本款式按较宽松偏合身的尺寸设计,胸围放松量18cm。

L=0.5G+8=88

B=B*+18=102

S=0.25B+15=40

SL=0.3G+10~11=58

CW=0.1B+5=15

三、原型应用(图9-14)

应用宽腰型原型进行结构设计。

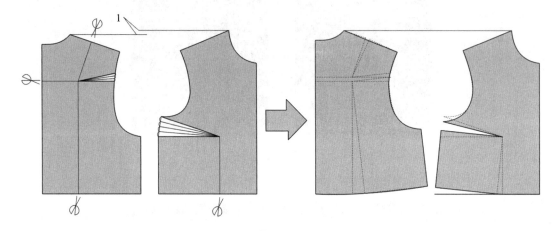

图9-14

后片背长拉开1cm,将肩背省转移部分至后小肩缩缝0.7~1cm,其余转移至下摆用来扩大摆量。
前片转移胸省约15:2的量至下摆用来扩大摆量,其余作为袖隆的宽松量。

四、结构设计

1. 后片结构制图(图9-15)

后胸围取B/4=26cm,待切展完成后会略有增加。

以较宽松圆装袖结构基础作插肩袖结构,从人体工学出发,前肩斜大于后肩斜2°,绱袖角度后片袖
小于前片,在圆装袖基础肩袖点上确定绱袖角度,后片按45°斜线抬高1cm,袖肥为0.2B+1=21.5cm。

在基础领窝上横开领开大1cm,直开领开大1cm。

袖隆深比圆装袖略深1~2cm,取0.2B+6=27cm。

2. 前片结构制图(图9-16)

后胸围取B/4=26cm,待切展完成后会略有增加。

前绱袖角度后片袖大于后片,后片按45°斜线降低1cm。

3. 翻袖口的结构设计(图9-17)

4. 喇叭形下摆形成的过程(图9-18)

5. 立领作图

作图原理可参考第七章旗袍结构设计中的立领结构设计(图9-19)。

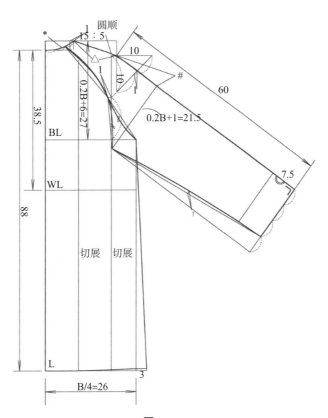

图 9−15

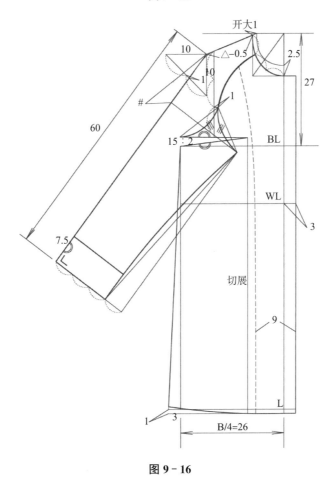

图 9−16

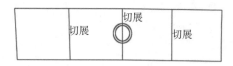 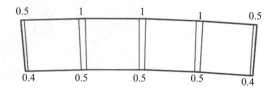

图 9 - 17

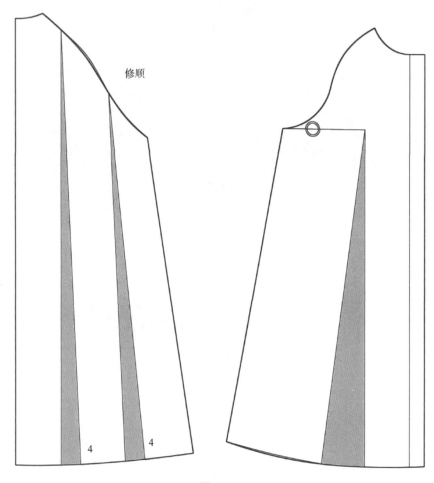

图 9 - 18

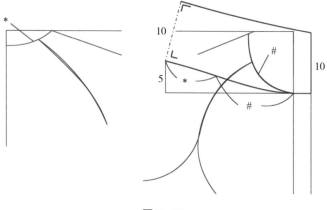

图 9 - 19

五、纸样制作

面布纸样除注明部分外，其余缝份均为1.3cm（图9-20）。

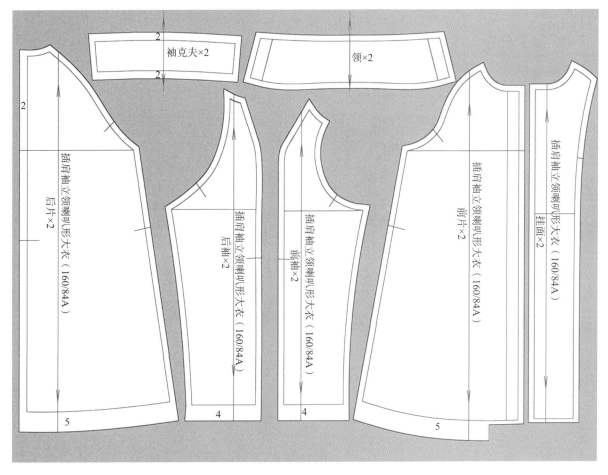

图 9-20

六、立体造型

坯布样衣见图9-21。

图 9-21 坯布样衣

第四节　连袖茧形大衣

一、款式分析

衣身:茧形大衣,下摆收窄。

衣领:长驳头翻驳领。

衣袖:中袖,前连袖后插肩袖结构(图 9 - 22)。

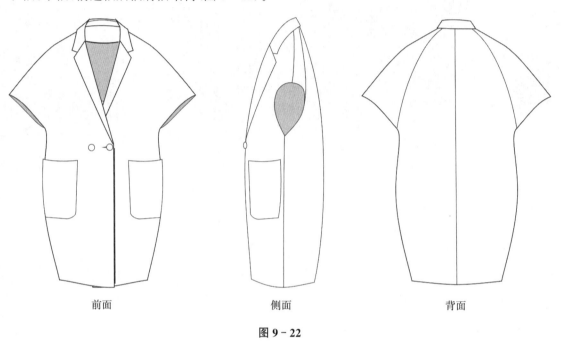

前面　　　　　　　　　侧面　　　　　　　　　背面

图 9 - 22

二、规格设计(单位:cm)

本款式按 160/84A 宽松风格尺寸设计,胸围放松量 36cm。

$L=0.5G+9=0.5×160+9=89$

$B=B^*+36=84+36=120$

$S=0.25B+10=0.25×120+10=40$

$SL=0.15G=0.15×160=24$

三、原型应用(图 9 - 23)

应用宽腰型原型,后片将部分肩背省转移至肩缝,缩缝量 0.7～1cm(视面料的性能来定),其余切展至腹部茧形处。

前片转移胸省下放 2cm,约 15:2 的量切展至腹部茧形处。

在前中心、后中心和下摆再切展放出一定的量,让整体造型呈现茧形外观。

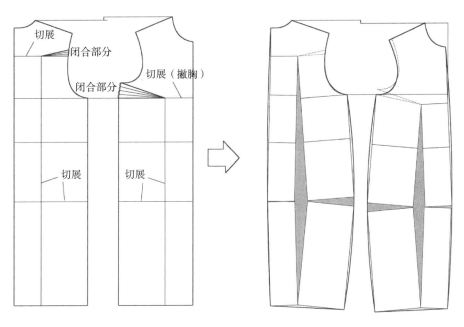

图 9－23

四、结构设计

在原型胸围上按前后胸围 B/4＝30cm，实际袖窿深在此基础上下落至 40cm（腰围线位置）（图 9－24）。

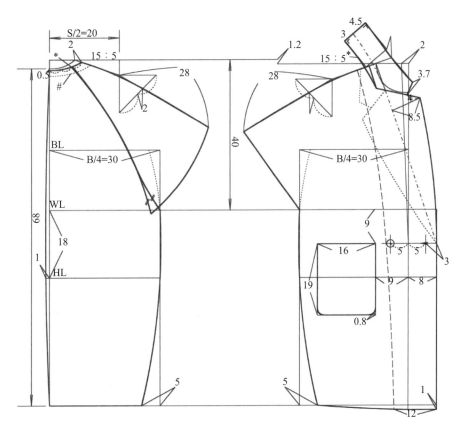

图 9－24

五、纸样制作

面布纸样(图 9-25)。

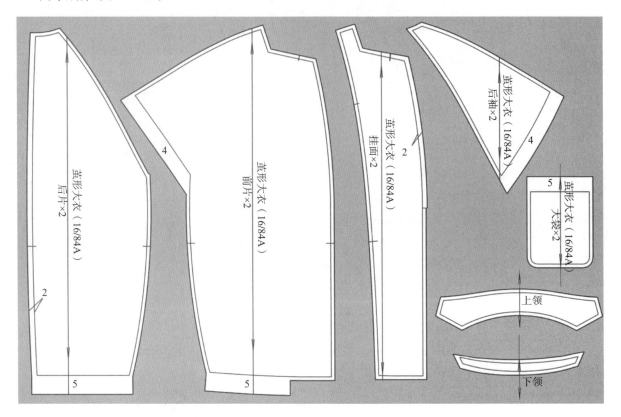

图 9-25

里布纸样略。

六、立体造型

用白纸进行立体造型(图 9-26)。

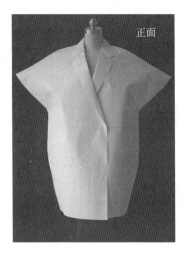

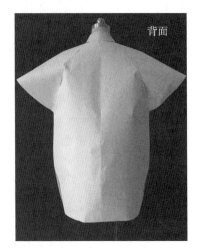

图 9-26　白纸立体造型

第五节　带帽防晒风衣

一、款式分析

衣身:H形宽松风格,长度至膝围附近,下摆呈船形。

衣领:连身帽。

衣袖:八分袖,带袖克夫(图9－27)。

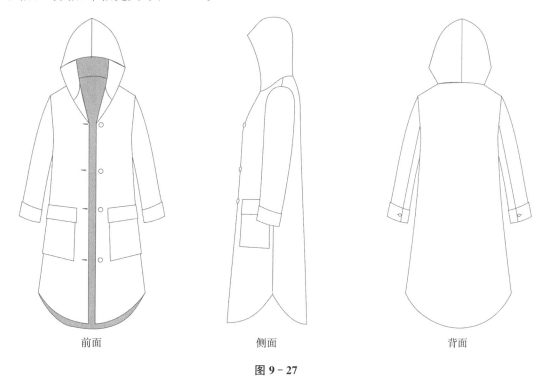

前面　　　　　　　　　侧面　　　　　　　　　　　　　背面

图9－27

二、规格设计(单位:cm)

本款式按160/84A宽松风格进行尺寸设计,胸围放松量36cm。

L＝0.5G＋10＝0.5×160＋10＝90

B＝B*＋24＝84＋24＝108

S＝0.25B＋10＝0.25×108＋10＝42

SL＝0.25G＋7＝0.25×160＋7＝47

三、原型应用

应用宽腰箱形原型:将肩胛省分解为三部分,一部分至转移肩缩缝,一部分为袖窿松量,一部分转移至下摆。

将前胸省分解为三部分,一部分下放,一部分为袖窿松量,一部分转移至下摆(图9－28)。

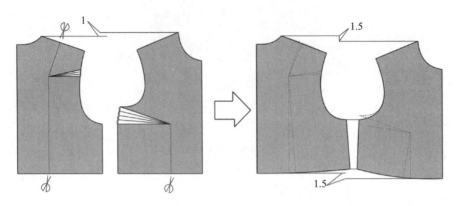

图 9－28

四、连身帽结构设计

连身帽是与大身结构相连，遮盖头部至颈部造型的帽子，具备防风防雨的功能和装饰作用。

（一）连身帽的设计

需要掌握人体头部相关尺寸，图9－29展示了连身帽结构设计的相关标准尺寸。

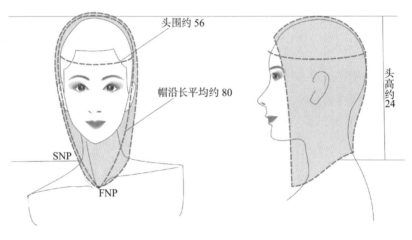

图 9－29

（二）常见连身帽的结构设计分类

1. 宽松连身帽

无省，两片结构（图9－30）。

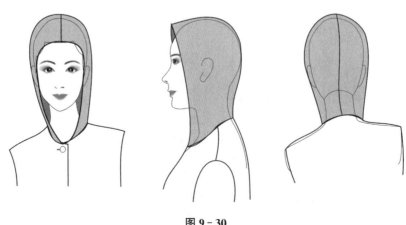

图 9－30

作图要点见本案例结构图 9-37：

宽松帽的设计时,要同时开大前后领窝,本案例中,前后横开领开大 3cm。

从领围前中心点 FNP 垂直向上测量连身帽长度的 1/2 并加入 3cm 左右的松量,注意此尺寸与当前直开领的深度有关,直开领越深,此尺寸越长。

帽宽的尺寸为头围长度的 1/2 减去 2～3cm。

以前衣片颈侧点 SNP 为基准向下 2cm 画水平线,作 S 形弧线并画顺,帽上领线与前后领窝长度相等。

2. 较合体连身帽

有领省,有一定的立体感(图 9-31)。

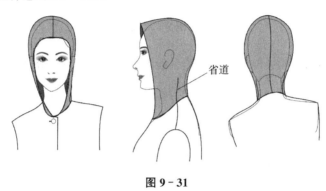

图 9-31

作图要点(图 9-32)：

较合体宽松帽的设计时,连身帽的装领线与前后领窝的差作为省道的大小,故领窝的设计可以比较合体。

其他结构设计方法与宽松连身帽类似。

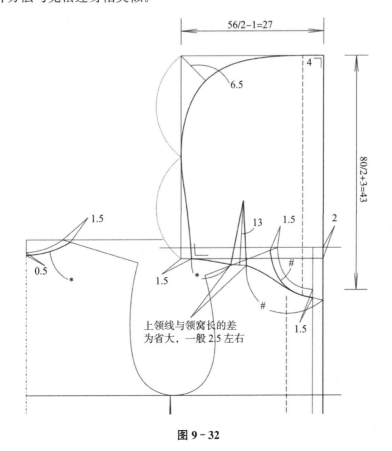

图 9-32

3. 拼片连身帽

在连身帽中间加入拼条,有助于立体造型(图9-33)。

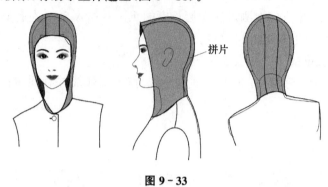

拼片

图9-33

作图要点:方法与宽松连身帽类似,拼条的宽度一般为8~10cm,长度与分割线的长度相等(图9-34)。

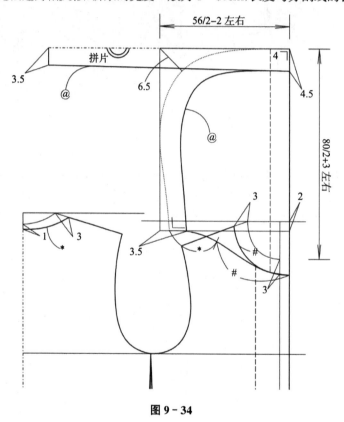

图9-34

4. 合体连身帽

符合人体颈部、头部立体构成,合体结构造型(图9-35)。

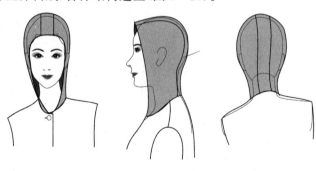

图9-35

作图要点:方法与拼片连身帽类似,合体程度提高,松量较小,帽长适当缩小,颈部可加入领省,也可作宽松设计,不加入省(图 9 - 36)。

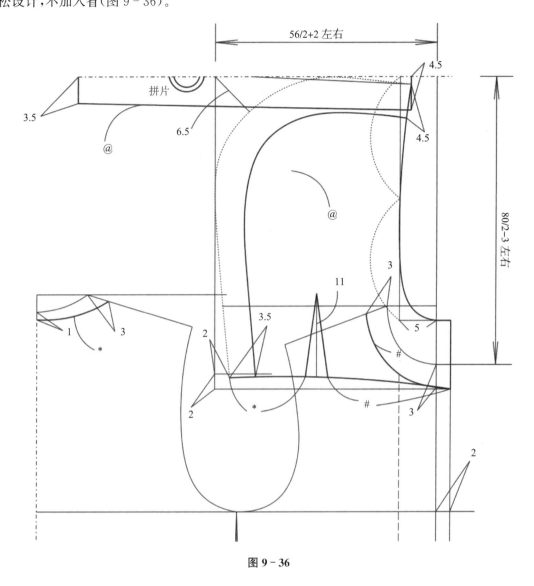

图 9 - 36

五、结构设计

1. 前后片结构设计(图 9 - 37)

制图胸围:前后片为 B/4;前上平线下放 1.5cm。

前后横开领:在基础领窝基础上开大 3cm。

单排扣门襟:叠门 2cm,连折挂面宽 7cm。

侧缝:向外倾斜放出 2cm。

袖窿:较宽松袖窿,深度为 0.2B+5.5cm。

口袋:靠门襟侧纵向与前中心线平行,袋盖比袋身宽度略大 0.3cm,在绘制时口袋外侧与衣片侧缝平行。

下摆:船形设计。

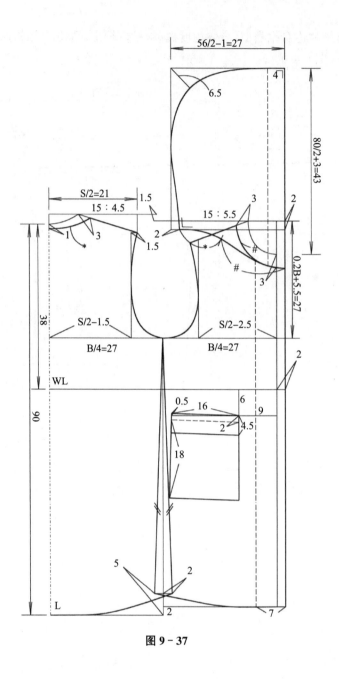

图 9－37

2. 衣袖结构设计

（1）较宽松衣袖结构，依面料和袖型风格，取前后平均袖窿深的 4/5 为袖山高（图 9－38）。

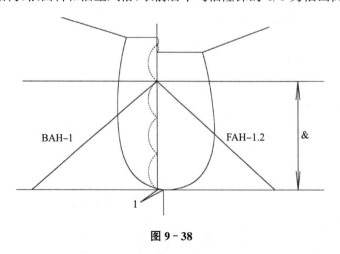

图 9－38

（2）参考第八章牛仔短夹克的袖子制图方法绘制两片分割衣袖结构图（图9-39）。

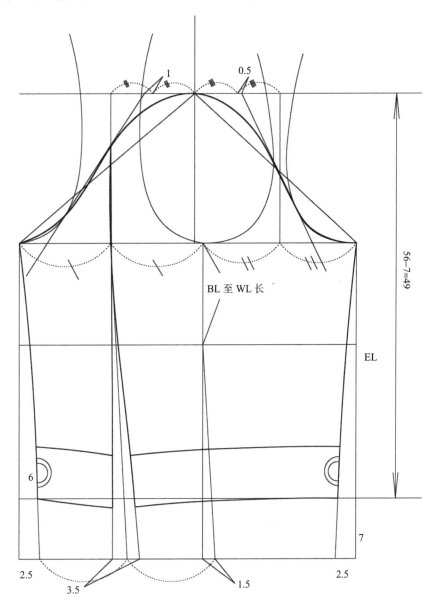

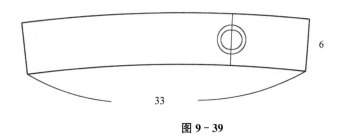

图9-39

六、纸样制作

未标注部分缝份为1cm（图9-40）。

防晒风衣 后片×1 （160/84A）

3

防晒风衣 前片×2 （160/84A）

7

3

防晒风衣 小袖×2 （160/84A）

防晒风衣 大袖×2 （160/84A）

2.5 2.5

8

袖克夫×4

袋盖×4

2

口袋×2

3

防晒风衣 帽子×2 （160/84A）

5

图 9－40

七、立体造型

1/2教学人台坯布样衣着装效果(图9－41)。

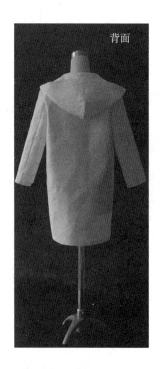

正面   侧面   背面   背面

图 9－41

第六节 公主线卡腰大衣

一、款式分析

衣身：卡腰 X 形大衣，公主线分割衣身，体现束腰、下摆放大的造型效果。

衣领：两片分割直翻领（图 9-42）。

衣袖：袖口收省两片弯身袖。

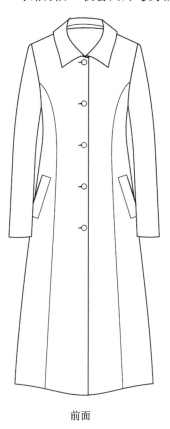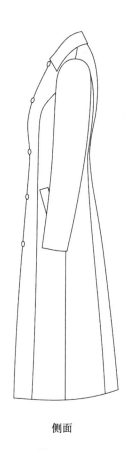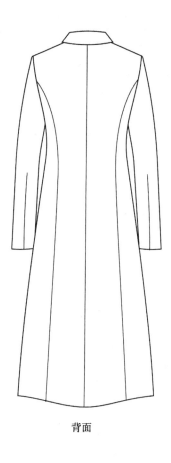

前面　　　　　　　　　　侧面　　　　　　　　　　背面

图 9-42

二、规格设计（单位：cm）

基于大衣的穿着层次，本款式较合体 160/84A 尺寸设计，胸围放松量为 12cm。

后中长 $L=0.6G+4=0.6\times160+4=100$

成品 $B=B^*+12=84+12=96$

肩宽 $S=0.25B+15.5=0.25\times96+15.5=39.5$

$SL=0.3G+10\sim11=0.3\times160+11=59$

$CW=0.1B+5=0.1\times96+5=14$

三、原型应用

应用四省胸臀原型，后片将肩背省分散为四部分：后肩缩缝，后袖窿的归拢量（制作时袖窿敷牵条），背缝和后片分割缝靠近肩背处的归拢量。

背长拉开 1cm。

前片转移胸省约 15：3 的量至前公主线,其余作为前袖窿的归拢量(制作时袖窿敷牵条),胸省省尖处约 0.3cm 作为归拢量。

横向尺寸的变化见第十二章上装版型调整(图 9 - 43)。

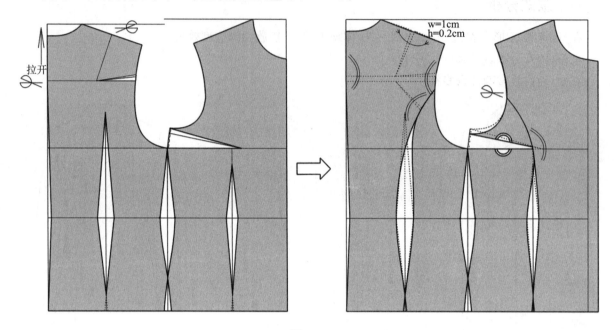

图 9 - 43

四、结构设计

1. 前后片结构设计(图 9 - 44)

制图胸围:按 B/2＋省损量 2cm 和布厚增量 0.7cm 作图,工业纸样不设劈胸量。

前后横开领:在基础领窝上开大 1.5cm 或 2cm。

门襟:单门襟叠门 2.5cm。

胸省:在袖窿底取 15：3,待底稿完成后,转移省道,修正相关部位线条,两分割线切点离 BP 点约 2cm。

袖窿:合并省道后要修正圆顺;袖窿弧长约为 B/2－1cm。

挂面:在肩线处取 3～5cm,在下摆处离前止口线 11cm。

2. 袖口省弯身袖结构设计

(1)按较贴体风格弯身袖结构设计,取前后袖窿深平均值的 5/6 为袖山高。

(2)依据面料和风格,本案例以前袖山吃势量 1.3cm、后袖山吃势量 2cm(总吃势量 3.3cm),袖山顶点向后偏移 1cm 设计袖山弧线(图 9 - 45)。

(3)绘制分割袖袖身结构(图 9 - 46)

将袖山顶点至袖窿底线连接,并延长至袖口长度线 59cm 处,此时袖口中点向前偏移约 2cm。

前袖口大小为 CW－2cm,后袖口大小为 CW＋2cm,作图时,前袖口偏进量可量出为 ＊,因袖向前偏移量设置在袖口省处,故后边袖口偏进量同样设置为 ＊,后袖口的大小包含袖口省。

将后袖山上的点与袖口省画顺连接为大小袖分割线,注意线条的走向和袖口的直角处理。

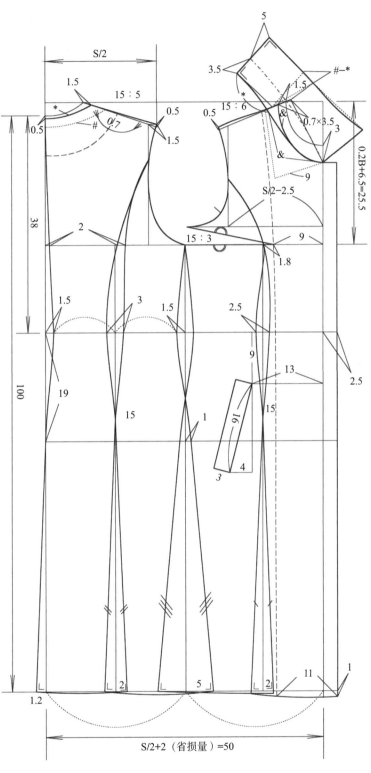

图 9-44

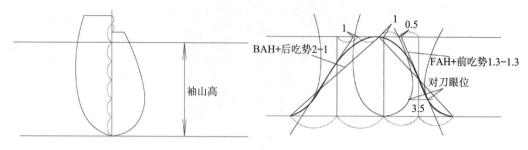

BAH+后吃势2-1

FAH+前吃势1.3-1.3

对刀眼位

3.5

图 9－45

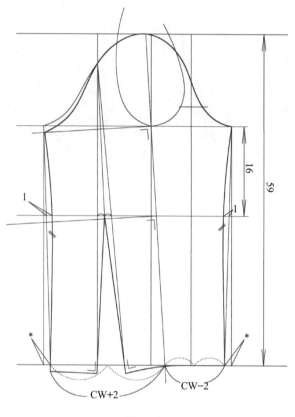

袖山高

16

59

1

1

CW+2

CW-2

图 9－46

五、纸样制作

衣领纸样的结构处理:为解决后领口翻折线上出现的锯齿形褶皱(俗称长牙齿),要对翻领进行工艺或结构处理,工艺处理详见第八章三开身女西服的领工艺处理方法,结构处理方法为在翻折线 0.5～0.7cm 以下,并在前领口处偏进一定的量作分割线,然后作收缩处理,收缩量控制在 1cm 左右,经试衣调整后确定(图 9－47)。

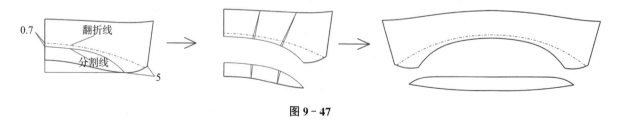

0.7

翻折线

分割线

5

图 9－47

面布纸样，除注明外，缝份为 1.3cm（图 9－48）。里布纸样略。

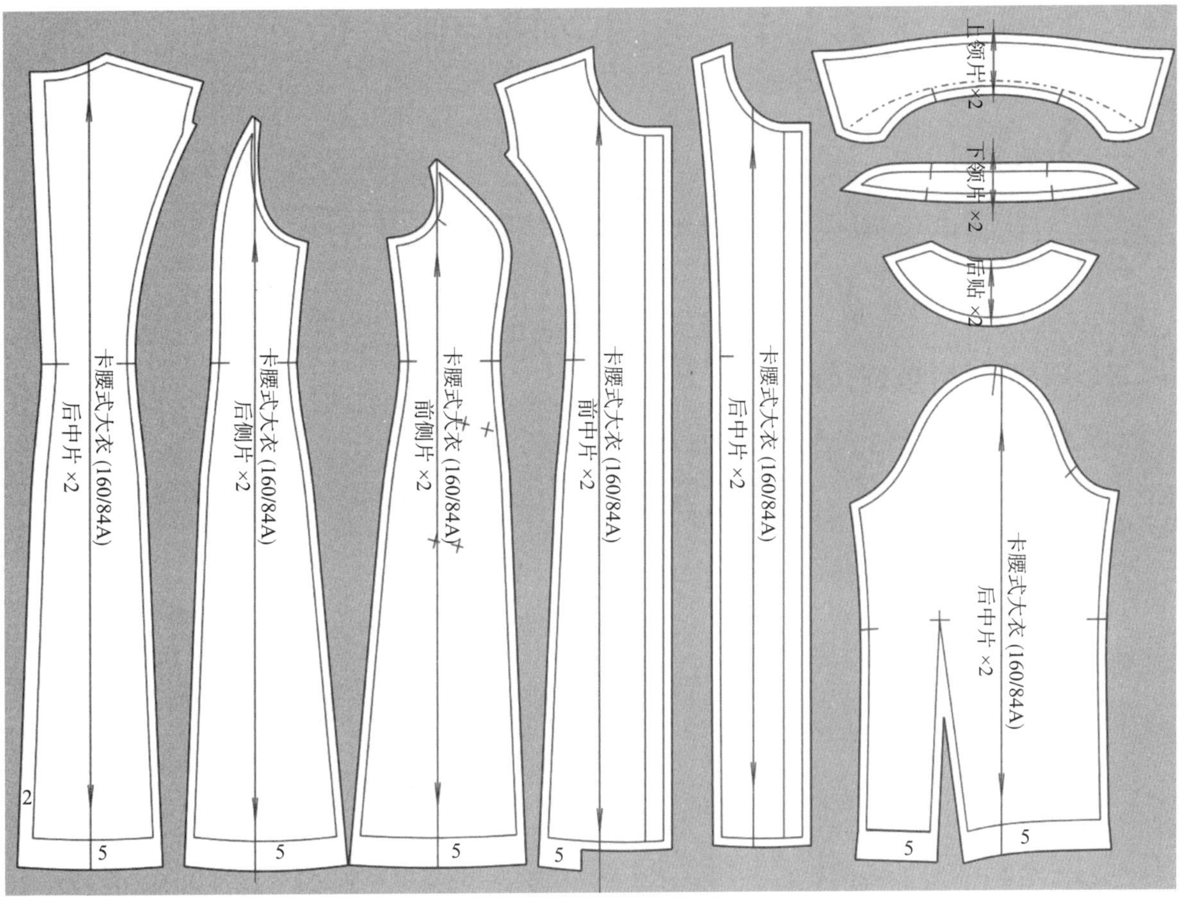

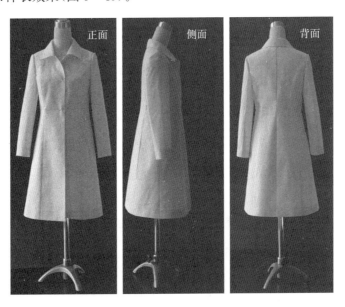

上领片×2
下领片×2
后贴×2
卡腰式大衣 (160/84A) 后中片×2
卡腰式大衣 (160/84A) 后侧片×2
卡腰式大衣 (160/84A) 前侧片×2
卡腰式大衣 (160/84A) 前中片×2
卡腰式大衣 (160/84A) 后中片×2
卡腰式大衣 (160/84A) 后中片×2
2
5
5
5
5
5
5

图 9－48

六、立体造型

1/2 教学人台坯布样衣效果（图 9－49）。

正面
侧面
背面

图 9－49

第七节 连身立领合体大衣

一、款式特征

衣身：卡腰 X 形大衣,后片弧形公主线分割衣身,前身弧形分割,体现束腰包臀的造型效果。
衣领：连身立领领。
衣袖：两片弯身七分袖(图 9 - 50)。

二、规格设计(单位:cm)

本款式较贴体 160/84A 尺寸设计,胸围放松量为 8cm。

后中长 $L=0.6G-4=0.6\times160-4=92$

成品 $B=B^*+8=84+8=92$

肩宽 $S=0.25B+15=0.25\times92+15=39$

七分袖：$SL=0.25G+9=0.25\times160+9=49$

袖口 $CW=0.1B+5=0.1\times92+5=14$

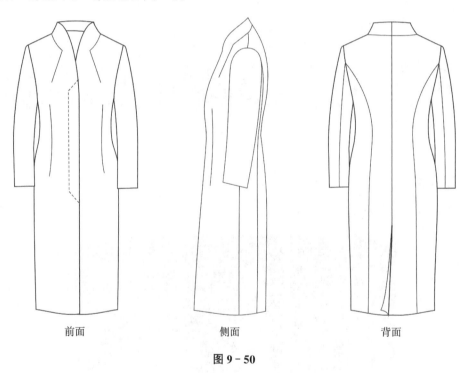

| 前面 | 侧面 | 背面 |

图 9 - 50

三、原型应用

应用四省卡腰原型,后片将肩背省分散为四部分:后肩缩缝、后袖窿的归拢量(制作时袖窿敷牵条)、背缝和后片分割缝靠近肩背处的归拢量。

前片转移胸省约 15∶3 的量至前领口,其余作为前袖窿的归拢量(制作时袖窿敷牵条),胸省省尖处约 0.3cm 作为归拢量(图 9 - 51)。

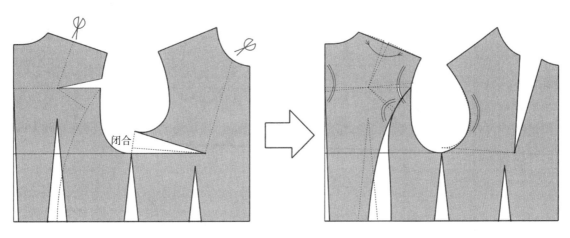

图 9 - 51

四、结构设计

1. 衣身结构

制图胸围:按 B/2+2cm(省损量)。

前后横开领:连身立领远离脖颈,在基础领窝上开大 2cm 或以上,确保省道转移后肩颈点与连身立领之间有足够的缝份。

暗门襟:以前中心线为基础,叠门 3cm,暗门襟是在前片与挂面之间增加两块门襟裁片。

胸省:在袖窿底取 15∶3.5,待底稿完成后,转移省道至领省,并进行修正。

袖窿:合体袖窿,肩袖点抬高 1/2 垫肩高度左右,袖窿弧长约为 1/2 胸围或小 1cm 左右,袖窿合并省道后要修正圆顺。

挂面:在领省处向下连顺,暗门襟在挂面之内留足门襟车缝线(图 9 - 53)。

2. 立领作图

方法参考第七章旗袍结构设计的立领处理方法、立领底稿完成后,转移省道至领省,后肩颈点与连身立领之间拉开(图 9 - 52)。

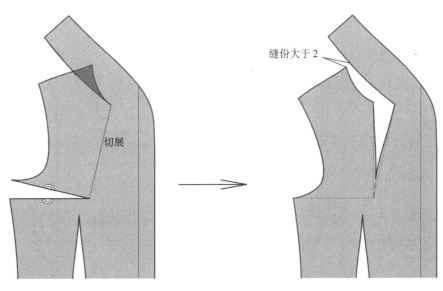

图 9 - 52

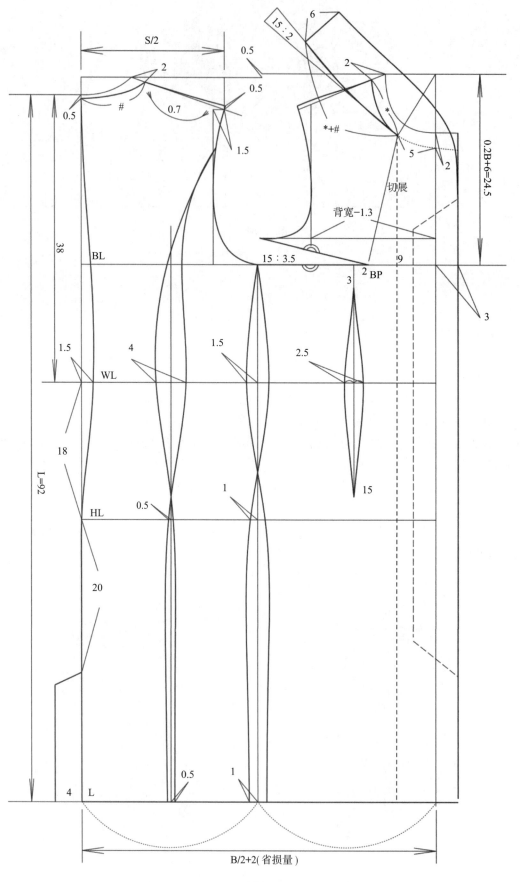

图 9 - 53

3. 连身立领的变化结构(图 9 - 54)

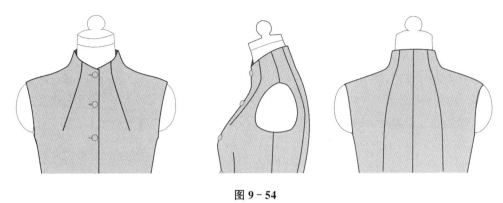

图 9 - 54

(1) 后片将原型肩省留 1/3 作为袖窿归拢量,其余 1cm 转移至后领省;将前片 15∶3.5 胸省转移至前领口省(图 9 - 55)。

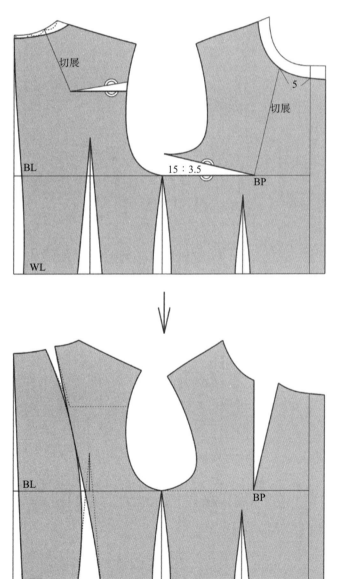

图 9 - 55

（2）在开大领窝的基础上设计连身立领(前领高 8cm,后领高 6cm,侧领高 5.5cm),修正后领省,在后领窝线上将领省各增加 0.2cm,上领口线上各减少 0.3cm。

前领省在领外沿线缩小 1.5cm。

领侧角画法:后领侧角垂直画侧领高再画顺,前领侧角依领窝开大的量,领侧角在 140°左右,具体造型可根据坯布效果进行修正(图 9 - 56)。

4. 两片弯身袖结构设计

参考第八章弧形刀背缝女外套袖结构设计(P184),在此基础上切取七分袖长(图 9 - 57)。

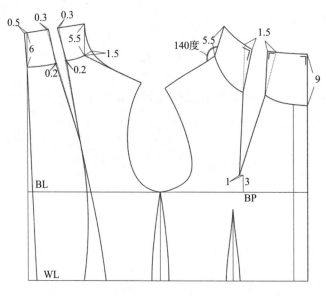

图 9 - 56

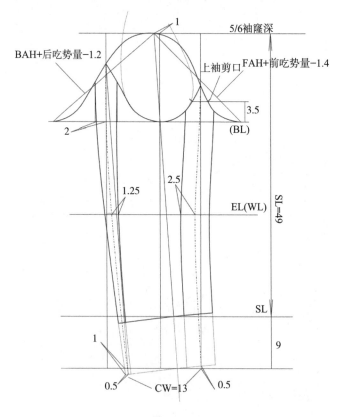

图 9 - 57

五、纸样制作

面布纸样:挂面的纸样至前领省处,暗门襟用里布制作较薄,在后片纸样上拓取后领贴纸样,未标注部位缝份为1.5cm,烫衬部位毛样可适当增大缝边,压衬完毕后按净样版进行修剪(图9-58)。

里布纸样略。

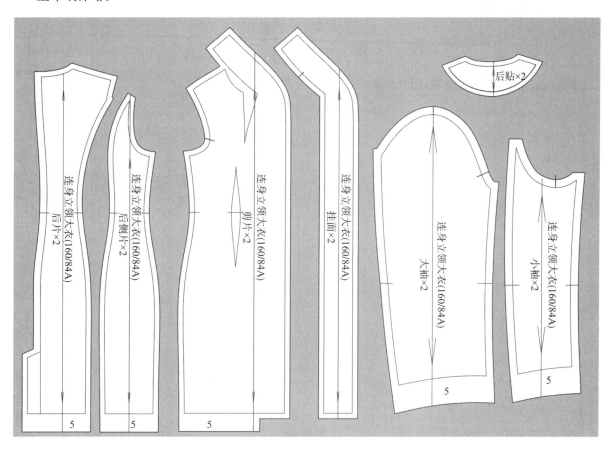

图 9 - 58

六、立体造型(图 9 - 59)

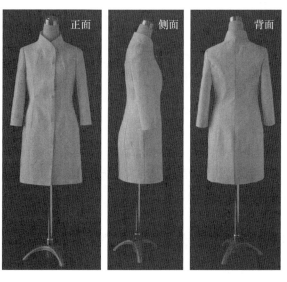

图 9 - 59

第八节 双排扣落肩袖宽松大衣

一、款式分析

衣身:宽松型双排扣大衣。

衣领:两片分割直翻领。

衣袖:落肩袖,两片弯身袖(图 9-60)。

图 9-60

二、规格设计(单位:cm)

按 160/84A 尺寸设计,胸围放松量为 36cm。

后中长 $L=0.6G+4=0.6×160+4=100$

成品 $B=B^*+36=84+36=120$

肩宽:落肩袖 $S=60$

袖长:$SL=52$

袖口:$CW=15$

三、原型应用

应用宽腰原型,后片将肩背省分散为四部分:后肩缩缝、后袖窿的归拢量(制作时袖窿敷牵条)、背缝和后片分割缝靠近肩背处的归拢量。

背长拉开 1cm。

前片转移胸省约 15:1 的量至前中,部分至前领口,部分至下摆,其余作为前袖窿的归拢量(制作时袖窿敷牵条)(图 9-61)。

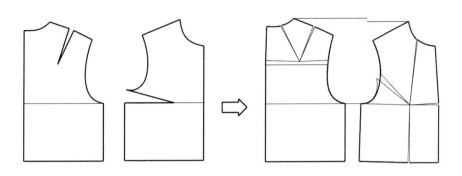

图 9 - 61

四、结构设计(图 9 - 62)

制图胸围:后胸围 B/4＋2cm,前胸围 B/4－2cm。
前后横开领:在基础领窝上开大 1.5cm 或 2cm。
双门襟:双门襟扣距 15cm,止口边 2.5cm。

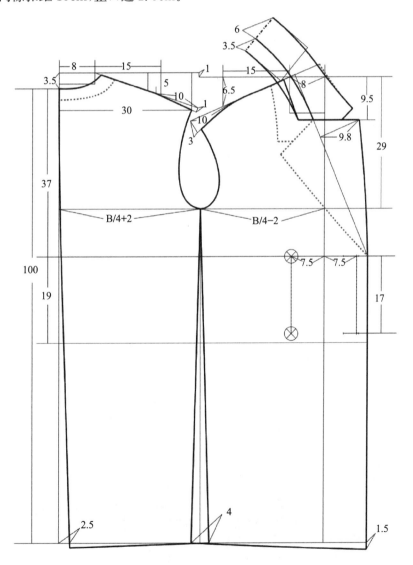

图 9 - 62

落肩袖结构设计见图 9-63。

将前后落肩袖山部分重合，并延长至袖口长度线 52cm 处。

依图绘制袖山弧线，袖山无吃缝量。

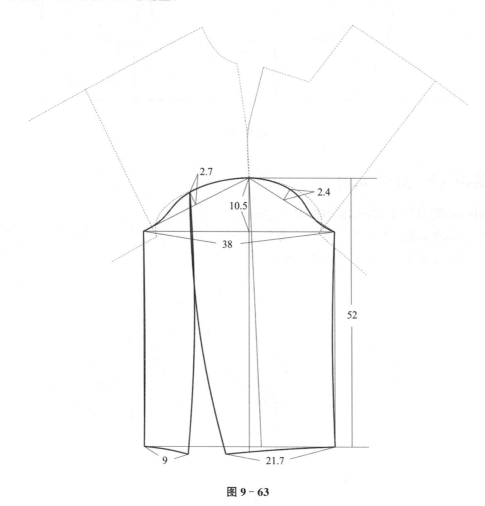

图 9-63

五、立体造型

坯布样衣效果见图 9-64。

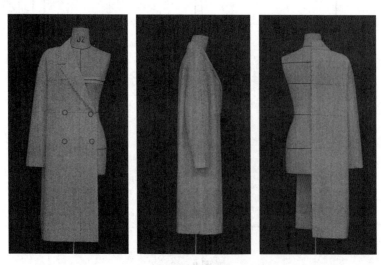

图 9-64

第九节　双排扣风衣

一、款式分析

修身窄肩纵向分割衣身,合体风格,双排扣门襟,前后有挡雨片,腰带设计,带驳头翻立领,两片袖(图9-65)。

图 9-65

二、规格设计(单位:cm)

按160/84A尺寸设计,胸围放松量为14cm。

后中长 $L=0.6G-4=0.6×160-4=92$

成品 $B=B^*+14=84+14=98$

肩宽:落肩袖 $S=39$

袖长:$SL=60$

袖口:$CW=12.5$

三、原型应用

肩省和后腰省连通在后背分割线中,胸省部分转入前领口松量,胸省和前腰省连通在前衣片分割线中(图9-66)。

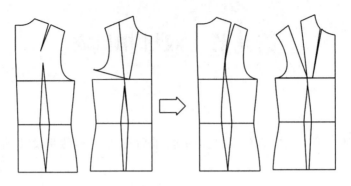

图 9－66

四、结构设计

（1）制图半胸围 B/2＋2cm 损耗，前后横开领在基础领窝上开大 1.5cm；胸省在袖窿底取 15∶3，待底稿完成后，转移省道至前肩分割线中（图 9－67）。

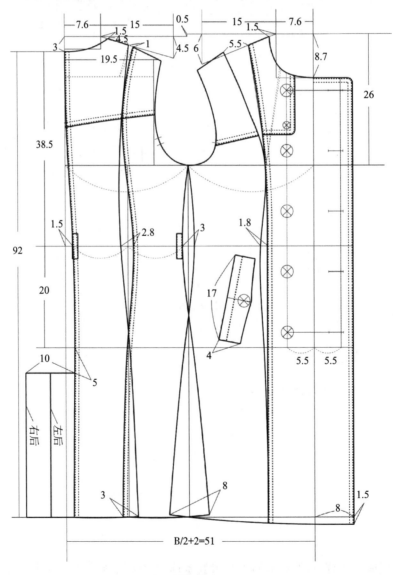

图 9－67

（2）衣领制版（图 9 - 68）。

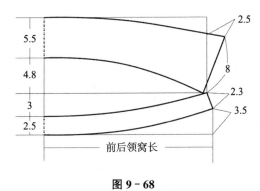

图 9 - 68

（3）腰带和两片袖子结构图（图 9 - 69）。

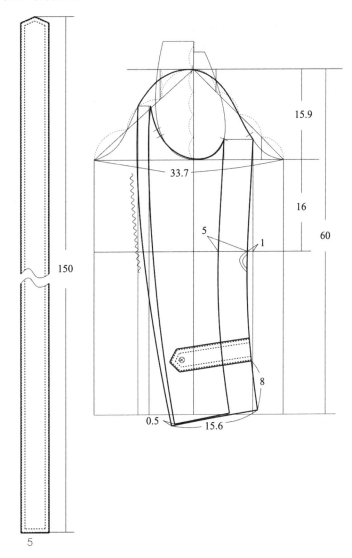

图 9 - 69

五、立体造型

坯布样衣效果见图 9 - 70。

图 9-70

第十节　披风

一、披风的定义

在中国古代,披风大多指直领对襟,颈部系带,有二长袖,两腋下开衩披用的外衣。披风流行于明代,一般既可以在室外穿,也可以在室内穿着。

斗篷,又名"莲蓬衣""一口钟""一裹圆",用以防风御寒。短者曾称"帔",长者又称"斗篷",其通常为无袖的外衣。

实际上近现代所说的"披风"都是"斗篷",而不是中国古代文献、古画、文物中展示的披风。

本章的披风,是一种无袖、包裹着肩臂部的宽敞舒适的外衣或宽大的围巾类织物。妇女将其作为时髦服饰,春、夏、秋、冬三季都穿用。质料上,有单、夹、棉、皮等。

二、披风的分类

1. 按披及人体的部位分类

(1) 长披风(斗篷),披到腰部以下,其中及地披风俗称大斗篷。

(2) 短披风,披于腰部以上。女用披在肩部的,称小披风,或称披肩(前开襟以襻纽系合)。

(3) 连帽披风,与帽连成一体,又分连帽小披风、连帽斗篷等。

2. 按形态结构分类

披风的轮廓造型与裙子有很多共通之处(图 9-71、图 9-72)。按形态结构,披风可分为:喇叭形披风(类似圆台裙结构)、A字形披风、偏直身形披风、抽褶形披风(类似方布抽褶裙结构),以及塔形披风(类似塔裙结构)。

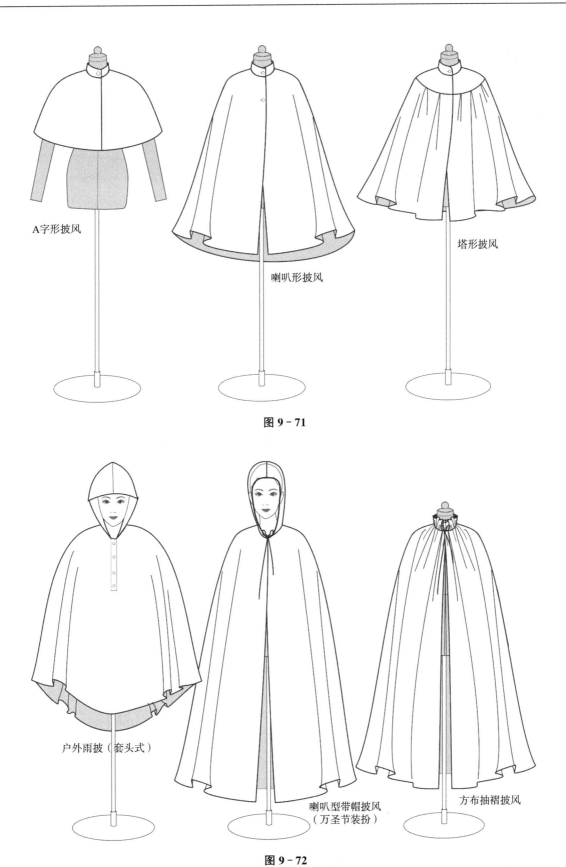

A字形披风

喇叭形披风

塔形披风

图 9 - 71

户外雨披（套头式）

喇叭型带帽披风
（万圣节装扮）

方布抽褶披风

图 9 - 72

三、A字形披风结构

(一)款式特征

由前后片纸样在肩缝处缝合,从肩点起肩缝线呈约45°角展开(图9-73)。

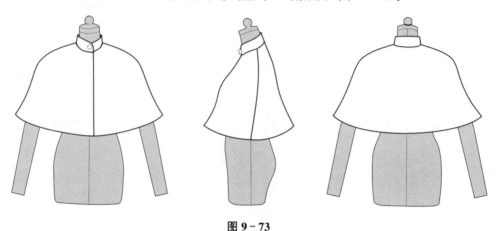

图 9-73

(二)规格设计(160/84A)(单位:cm)

后中长 L=40

基础胸围 B=96 上放出披风外胸围尺寸,从肩点起侧缝线小于45°角展开。

肩宽:基本肩宽 S=38 基础上放出1.5

领围在 N=36 基础上开大0.5

(三)原型应用

应用宽腰箱形原型,胸省和肩省在袖窿处作宽松量处理(图9-74)。

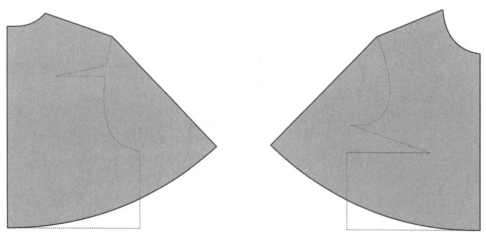

图 9-74

(四)结构设计(图9-75)

(1)在基本上衣结构基础上作图,前后肩斜可适当放平,前肩斜取15:5.5,后肩斜取15:4.5。

(2)在基本肩宽基础上,肩点放出1.5cm,按小于45°作侧缝线并画顺,角度越小,波浪越大,越接近喇叭形披风。

(3)作后中延长线与侧缝延长线与后中延长线相等,以确定侧缝起翘高度,画顺下摆线。

(4)立领的作图方法参考第七章第五节旗袍结构设计(图9-76)。

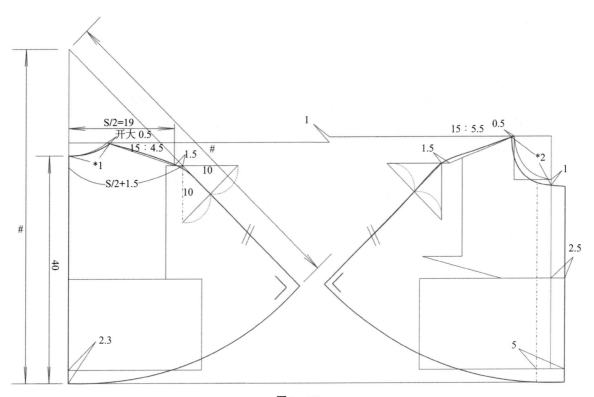

图 9 - 75

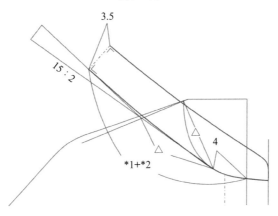

图 9 - 76

（五）面布纸样制作

未注明部位缝份为1cm(图9-77)。

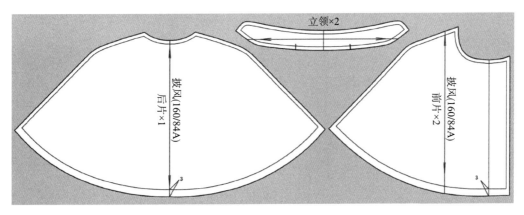

图 9 - 77

（六）立体造型

立体造型见图 9 - 78。

正面　　　　　侧面　　　　　背面

图 9 - 78

第十章　背心结构设计与立体造型

　　背心,就是无袖的服装。

　　依据穿着方式,背心可分为贴身式背心和外穿式背心。贴身式背心在臂根处的贴体性较高,袖窿较浅,避免露腋窝,大多用较轻薄面料或针织面料制作,设计变化多样,常用垂褶、波浪结构。外穿式背心一般穿着在衬衫或外套之外,根据穿着层次,一般有较深的袖窿,大多用外套面料或有羽绒、棉填充物的材料制作。

　　针织面料的特征会较大地影响服装结构设计,本章只讨论梭织面料背心结构,针织材料背心在第十一章中详述。

第一节　内搭背心

一、款式特征

无领无袖套头设计,略收腰,领口、袖窿口包边工艺,无弹力或略带弹力面料(图 10 - 1)。

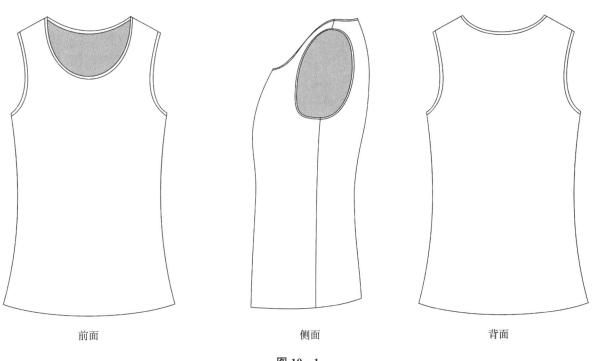

前面　　　　　　　　　　　　　侧面　　　　　　　　　　　　　背面

图 10 - 1

二、规格设计(单位:cm)

按 160/84A 较贴体风格设计:

$L=0.4G-5=0.4\times160-5=59$

内搭式背心的袖窿深在胸围线以上

$B=B^*+6=84+6=90$

宽腰设计 $W=B-2=90-2=88$

无领领口在 $N=36$ 基础上横开领开大 6cm 左右,领口总长在 56cm 以上,能达到套头尺寸。

成品肩宽在 $S=38$ 基础上改窄 3~4cm。

袖窿深在 24cm 基础上上提 2cm 左右。

三、原型应用

应用宽腰箱形原型,利用工艺方法对胸背特征省作处理。

(1)肩背省分散至后领口,袖窿作包条工艺时作牵紧归拢。

(2)胸省一部分下放,一部分分散至袖窿在包条工艺时作牵紧归拢,低领时前领口暗省在包条工艺时作牵紧归拢(图 10-2)。

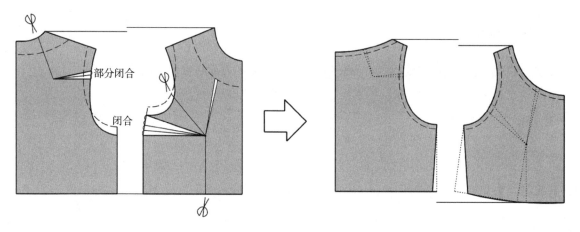

图 10-2

四、结构设计

套头设计,基本为直腰结构,前后胸围作等分分布。

(1)袖窿深在人体胸围线 BL 上抬高 2cm。

(2)肩宽在人体基本肩宽上缩回 2cm。

(3)领围开大后,总领围大于头围,便于套头,为防止低领口出现胸前荡开起空现象,在无省道转移处理情形下,采用前横开领小于后横开领的方法缩小前领圈,后横开领开大为 * 时,前横开领开大为 $0.9*$,同时前领口线在前肩斜线上下落 0.4cm,以缩短前领口,避免前领口荡开(图 10-3)。

五、纸样制作

未标注部分缝份为 1cm,拉筒部位不放缝份(图 10-4)。

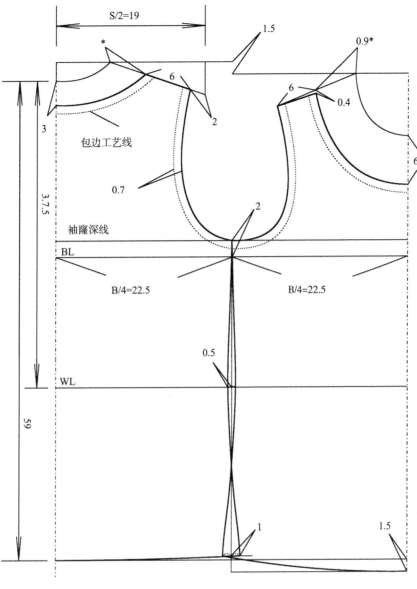

图 10 - 3

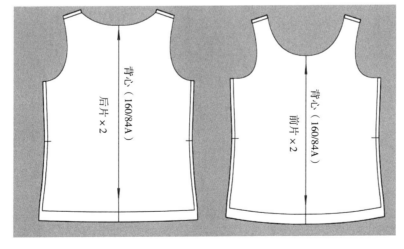

图 10 - 4

六、立体造型

无省宽腰套头背心,为吻合人体相关部位尺寸,在样衣制作时宜作工艺处理,领口、袖口部位捆条用斜料或弹性面料,作适当牵紧,防止拉伸,当面料有适度弹力时,可考虑围度方向为弹力方向(图 10 - 5)。

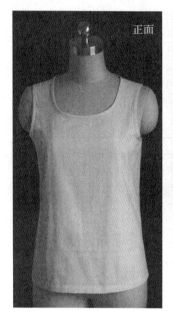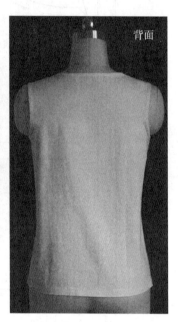

图 10 - 5

第二节　公主线短背心

一、款式分析

弧形公主线分割短背心,深 V 领设计,单门襟四粒扣,可与西服配套穿着(图 10 - 6)。

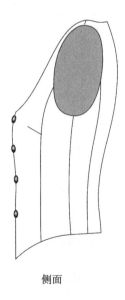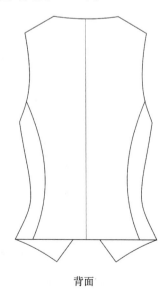

前面　　　　　　　　　　侧面　　　　　　　　　　背面

图 10 - 6

二、规格设计(单位:cm)

L＝0.25G＋4＝0.25×160＋4＝44

外穿式背心的袖窿深线在胸围线以下,当胸围的松量为 8cm 时,袖窿深处的实际尺寸在 5～6cm,故作图胸围线为袖窿深线,此处胸围的松量取小一些(图 10 - 7)。

B＝B*＋6＝84＋6＝90

W＝W*＋10＝66＋10＝76

N＝36 基础上横开领开大 1～2cm

S＝38 基础上改窄 3～4cm

袖窿深 24cm 基础上开深 3cm 左右(在衬衫袖窿基础上开深 3cm 左右)。

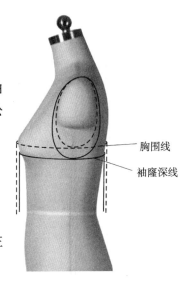

胸围线
袖窿深线

图 10 - 7

三、原型应用

应用四省收腰原型,将胸背省作重新消化处理。

(1)肩背省分散为两部分,一部分转移至后肩作为缩缝量,一部分作为袖窿宽松量和工艺时归拢量。

(2)胸省一部分作袖窿省,作省道转移,一部分作袖窿宽松量,低领时前领口暗省转移至胸省位(低领口服装暗省原理参考第七章第二节背心连衣裙中的结构与立体造型),将领口暗省与胸省合并后与腰省连接形成弧形公主线分割线(图 10 - 8)。

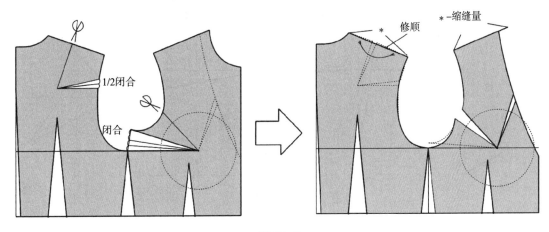

1/2闭合

闭合

*-缩缝量

修顺

*

图 10 - 8

四、结构设计

1. 制图胸围

B/2＋2cm 省损量(图 10 - 9)。

前后横开领:在基础领窝基础上开大 1.5cm。

单排扣门襟:以前中心线为基础,叠门 1.5cm,低 V 领设计,前领点在胸围线以下,为达到领口贴身不起空的效果,在前领口设置约 0.7cm 暗省,底稿完成后将暗省转移至胸省位置并重新画顺领口线。

胸省:在袖窿底取 15:3,待底稿完成后,转移省道,修正相关部位线条。

袖窿:休闲外穿式设计,袖窿深线在胸围线上降低 2～3cm,也可参考款式效果图,降低需要的量,袖窿合并省道后要修正圆顺。

挂面:在肩线处取 3cm,在下摆处离摆角 1.5cm。

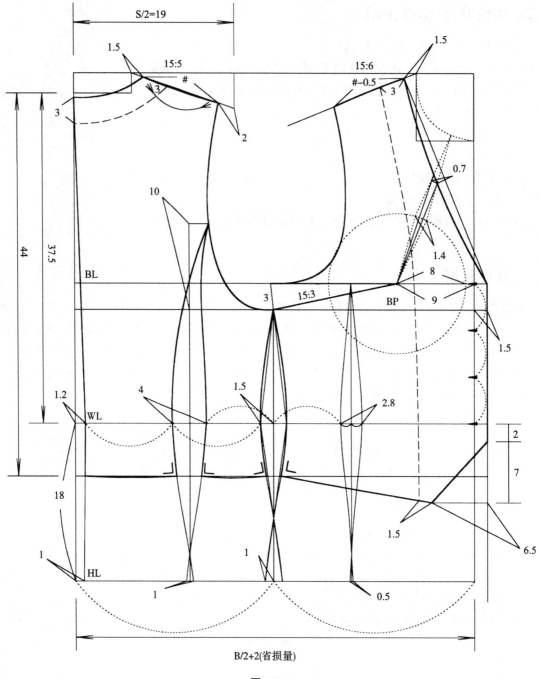

图 10 - 9

2. 前片转省过程

(1) 将领口暗省和基础胸省合并至领口,画顺公主分割线(图 10 - 10)。

(2) 作辅助线绘制新省线,将省道全部转移至新省位,调整新省线,省尖离 BP 点约 2cm,画顺修正领口线,省道转移后对弧形分割线进行校正,可对两弧形分割线进行假缝,在腰节位和省底对位点作刀眼,保证分割线长度相等,弧形造型优美(图 10 - 11)。

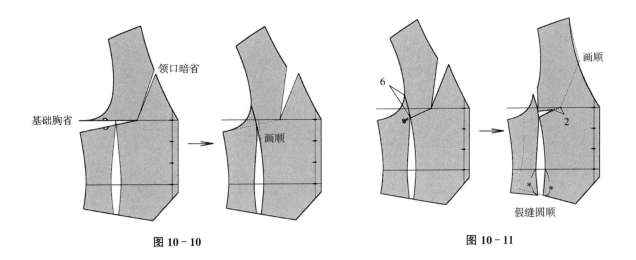

图 10-10　　　　　　　　　　　　　图 10-11

五、纸样制作

1. 面布纸样

除标注部位外缝份为 1cm，挂面和后贴部分缝份与面布缝合时注意内外均匀，确保领口止口平服不外翻（图 10-12）。

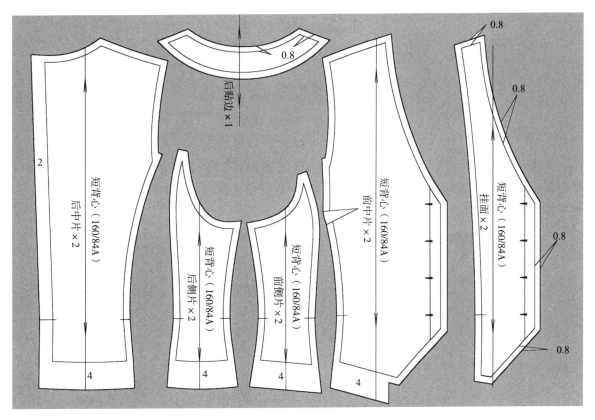

图 10-12

2. 里布纸样(图 10 - 13)

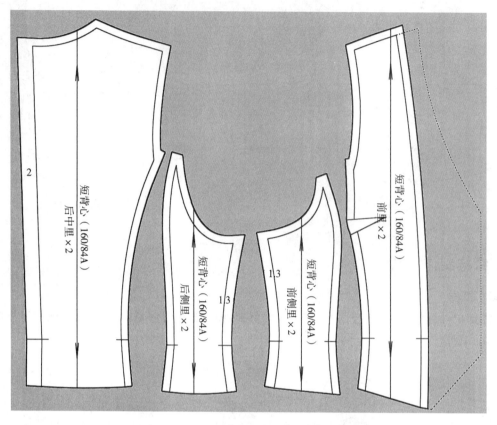

图 10 - 13

六、立体造型

公主线贴体风格外穿背心,强调贴身造型,体现胸凸腰凹,在缝制和调整版型时,省缝要调整至与人体体型相符,分割线的设计和结构处理非常重要,还要在缝制前通过归拔工艺进一步造型,使衣片尽量与体型特征相吻合。坯布立体造型见图 10 - 14。

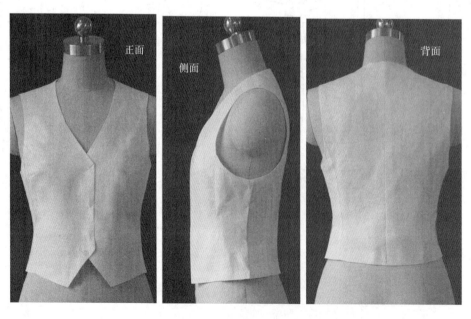

图 10 - 14

第三节　外穿式长背心

一、款式特征

外穿式休闲风格长背心,宽腰直身廓形,长驳头翻驳领,单门襟一粒扣(图 10 - 15)。

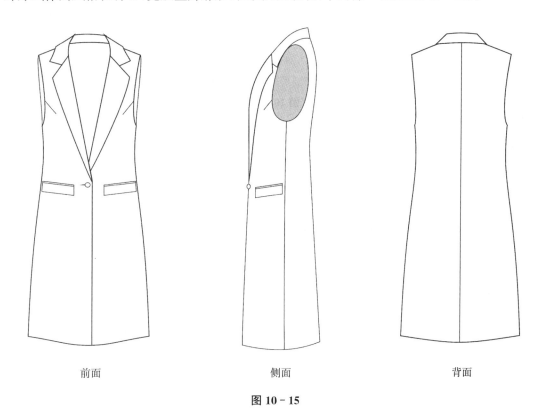

前面　　　　　　　　　　　　侧面　　　　　　　　　　　　背面

图 10 - 15

二、规格设计(单位:cm)

按 160/84A 直身形较贴体风格设计尺寸:

外穿式背心的袖窿深线在胸围线以下,当胸围的松量为 10cm 时,袖窿深处的实际尺寸在 7～8cm,故作图胸围线为袖窿深线,此处胸围的松量取小一些。

L=0.5G+8=0.5×160+8=88

B=B*+10=84+10=94(袖窿深线处 B=92)

B-W=6,W=86

H=H+6=90+6=96

N=36 基础上横开领开大 1～2cm,S=38 基础上改窄 3～4cm,袖窿深 24cm 基础上开深 2～3cm(在衬衫袖窿基础上开深 2～3cm)。

三、原型应用

应用箱形宽腰型女装原型:

(1) 肩背省分散至后肩作缩缝量,一部分为袖窿宽松量和工艺时的归拢量。

（2）胸省一部分作袖窿省，作省道转移，一部分作袖窿宽松量（图 10 - 16）。

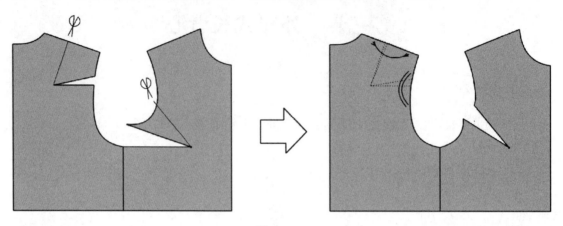

图 10 - 16

四、结构设计

1. 衣身结构（图 10 - 18）

制图胸围：按 B/2 作图，设撇胸量 1cm。

前后横开领：在基础领窝基础上开大 1.5cm。

单排扣门襟：以前中心线为基础，叠门 2cm，长驳头设计，驳口点在腰围线以下 6cm 处。

胸省：在袖窿底取 15：3，待底稿完成后，转移省道，修正相关部位线条。

袖窿：休闲外穿式设计，袖窿深线在胸围线上降低 2cm，也可参考款式效果图，降低需要的量，袖窿合并省道后要修正圆顺。

口袋：靠门襟侧纵向与前中心线平行，袋盖下端与前衣片下摆平行，在绘制时横向在腋下侧起翘 0.5cm，袋盖的位置和最终形状对合腋下缝后确定。

挂面：在肩线处取 3cm，在下摆处离前中心线 7cm。

2. 胸省转移

将胸省转移至袖窿，修正省道，省尖从 BP 点回调 2cm（图 10 - 17）。

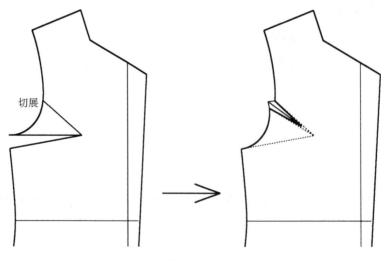

切展

图 10 - 17

3. 翻驳领作图

依据款式图,注意驳头和领子的造型,方法参考第八章三开身女西服领作图。

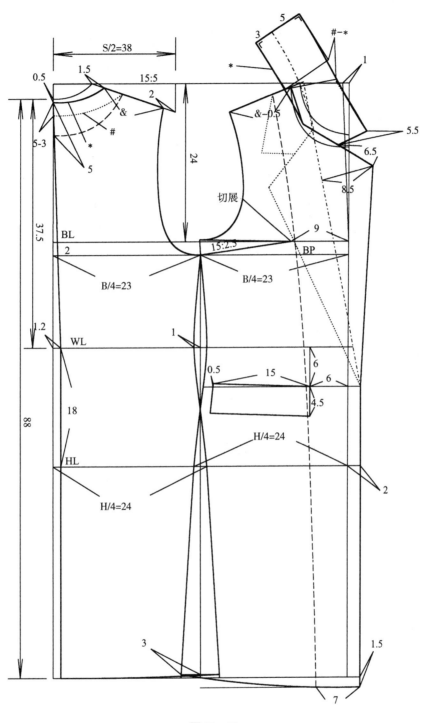

图 10-18

五、纸样制作

1. 面布纸样

未注明部分缝份为1cm(图 10-19)。

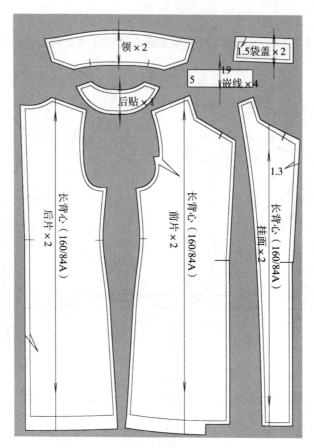

图 10 - 19

2. 里布纸样

里布下摆与衣身面布之间可做成活动结构(图 10 - 20)。

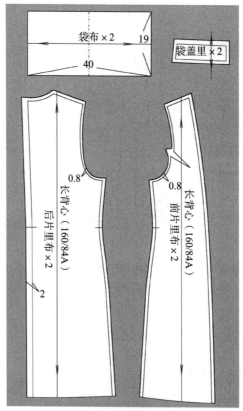

图 10 - 20

六、立体造型

可对裁片适当进行归拔处理,先缝合大身部分,胸部饱满有胖势,整体线条流畅,背部服贴,袖窿处敷牵条不外翻。

西服领面平服,止口要有窝势,不向外翘,串口线平直,松紧适宜,不露装领线,后中处翻折量在0.5cm左右。

图 10-21 为坯布大头针假缝立体造型效果。

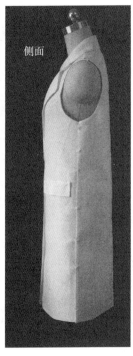

图 10-21

第十一章　针织服装结构设计与立体造型

第一节　针织女装原型

一、针织服装特点

1. 针织面料特点

构成梭织面料的基本结构为经、纬纱交织点,尺寸比较稳定,而构成针织面料的基本结构为线圈,针织物主要分为经编织物和纬编织物。

经编织物线圈交织比较稳定,面料的拉伸力相对较小,而常见的纬编针织物由线圈套串而成,横向上有比较大的拉伸力,弹力大,易脱散(图 11 - 1)。

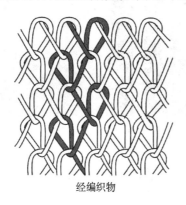 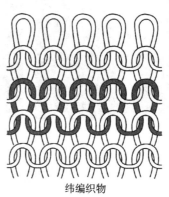

经编织物　　　　　　　　　　　纬编织物

图 11 - 1

2. 针织服装结构特点(图 11 - 2)

基于针织面料有较大的伸缩性,针织服装结构设计时注重整体形态,不考虑人体细微结构,结构简化,分割线条较少,与梭织服装相比,同等宽松度下针织服装加放的松量较小,较少应用省缝结构。

针织服装缝制工艺特点:多采用锁边、冚车(绷缝机)、滚边、罗纹等处理毛边。

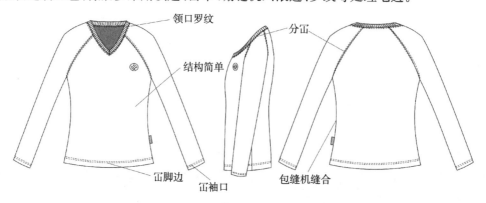

图 11 - 2

二、无省针织服装原型

（一）无省针织服装原型的演化过程

无省女装针织服装原型可以从女装四省（梭织）原型依针织服装的特点进行演化：

（1）女装四省（梭织）原型，腰围线水平，前上平线高于后上平线 1.2cm，有反映胸凸量的原型胸省、反映背部肩胛凸起的肩背省、反映胸腰差的四个腰省（图 11-3）。

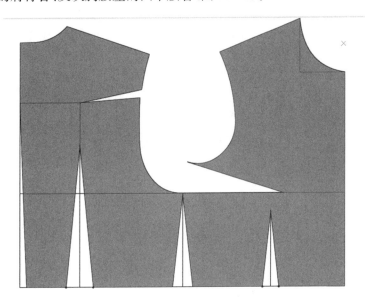

图 11-3

（2）将前片下放，消化 15：1～15：2 胸省量，前上平线低于后上平线 1～1.5cm，前脚围下落 2cm（图 11-4）。

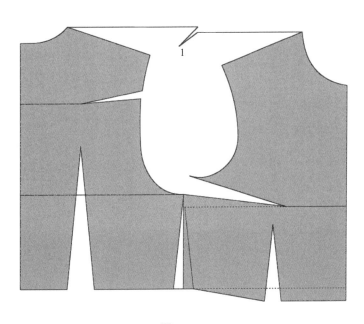

图 11-4

（3）针织服装因面料弹力特性，肩省、胸省的凸起量依靠面料的弹性进行消化，同时肩宽、背宽、胸围的放松量改小（图 11-5）。

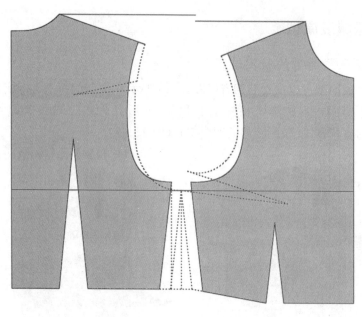

图 11 - 5

（4）针织服装因面料弹力特性，前后腰省量依靠面料的弹性进行消化，同时腰侧省增大至 2～3cm（图 11 - 6）。

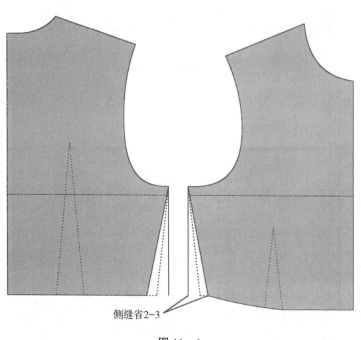

侧缝省2-3

图 11 - 6

（二）较贴体无省女针织衫原型作图（单位：cm）

号型：160/84A

背长＝0.25G－3＝0.25×160－3＝37

B＝B*－4＝84－4＝80

S＝0.25B＋15＝0.25×80＋15＝35

从以上演化过程中可以看到针织服装由于针织面料富有弹力的特性，服装的原型得到简化，具有以下特点：

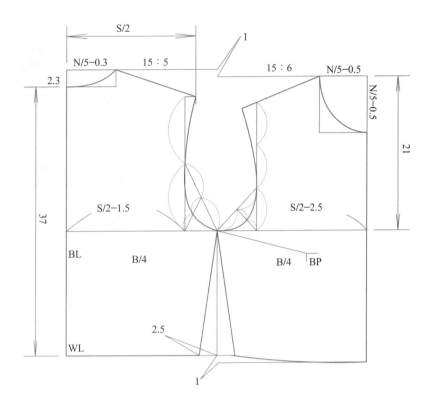

图 11 - 7

（1）服装结构简单，通常不设省道和结构性分割线。

（2）服装松量减小，一般贴身类针织服装的胸围松量在 -4～0cm。

（3）胸围、肩宽、胸背宽、腰围处等尺寸同步缩小。

（4）袖窿深相对改浅，侧缝边缘省增大。

（5）针织服装原型与梭织服装原型的比较见图 11 - 8，虚线为梭织服装原型。

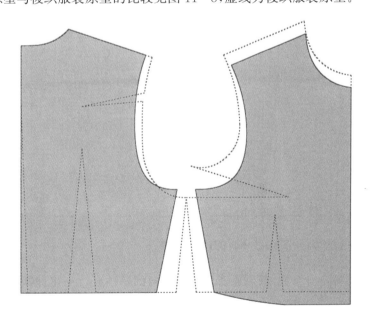

图 11 - 8

（三）无省针织服装原型立体造型（图 11 - 9）

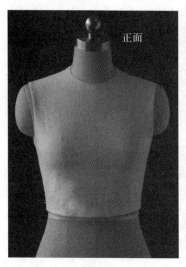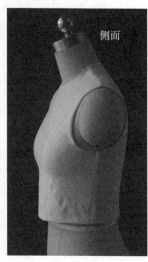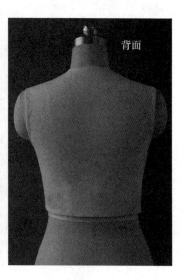

正面　　　　　侧面　　　　　背面

图 11 - 9

三、有省针织服装原型

（一）有省针织服装原型的演化过程

女装针织服装原型可以从女装四省（梭织）原型依针织服装的特点进行演化：

（1）利用针织服装面料弹力特性，将肩省、胸省的凸起量一部分依靠面料的弹性进行消化，同时将肩宽、背宽、胸围的放松量改小（图 11 - 10）。

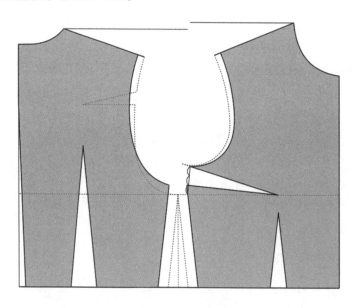

图 11 - 10

（2）针织服装因面料弹力特性，前后腰省量依靠面料的弹性进行消化，同时腰侧省增大至 2～3cm（图 11 - 11）。

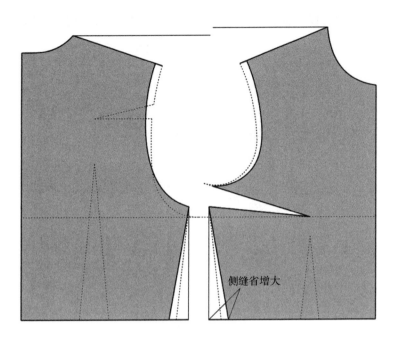

图 11 - 11

（二）较贴体有省女针织衫原型作图（单位：cm）

号型：160/84A

背长＝0.25G－3＝0.25×160－3＝37

B＝B*－4＝84－4＝80

S＝0.25B＋15＝0.25×80＋15＝35

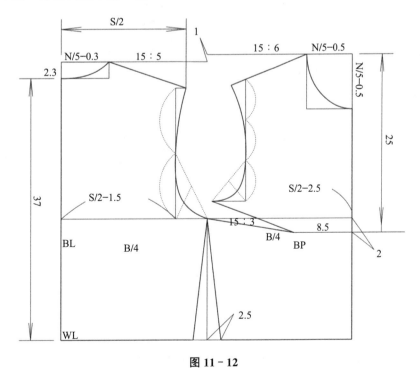

图 11 - 12

有省针织服装原型与四省梭织服装原型的比较见图 11 - 13,虚线为梭织服装原型。

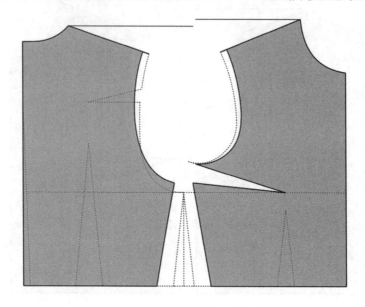

图 11 - 13

（三）无省针织服装原型立体造型（图 11 - 14）

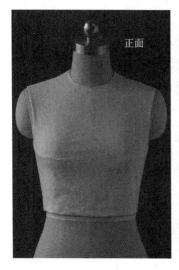
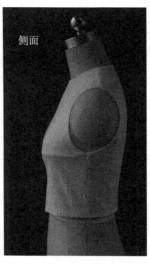
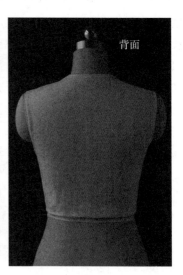

图 11 - 14

第二节　针织背心

一、款式特征

针织吊带背心,紧身贴体内衣款式,吊带上口部位用针织捆条拉筒工艺(图 11 - 15)。

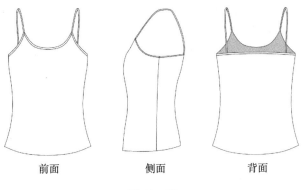

前面　　　　　　　侧面　　　　　　　背面

图 11 - 15

二、规格设计(单位:cm)

按 160/84A 贴体针织服装进行规格设计。

$L=0.3G+8=0.4\times160+8=56$

$B=B^*-4=84-8=80$

$W=W^*+6=66+6=72$

脚围$=78$

三、结构设计

设计要点(图 11 - 16):

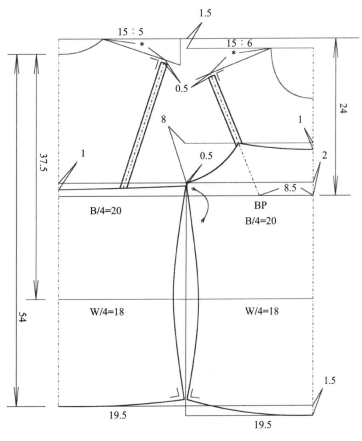

图 11 - 16

（1）袖窿深线在人体胸围线 BL 基础上抬高 2cm。

（2）按针织服装紧身原型结构设计，在基础领窝和肩线上展开作图，为防止吊带滑落，设计时遵循最短原则，自 BP 点向前肩斜引垂线，后吊带在相同肩位点向后衣片作垂线，在绘制完成后再减去一定的量，待试衣完成后，确定最终纸样。

（3）在前侧缝近胸凸段可设置 0.5cm 吃缝量，满足胸凸要求。

（4）画顺各段弧线，注重造型优美，各线条拼合后圆顺。

四、纸样制作

围度为针织面料弹力方向，吊带包条部件不做纸样，用切捆条机切条，用冚车车缝，下摆用冚车做边，其他部位用包缝机车缝，缝份 1cm（图 11 - 17）。

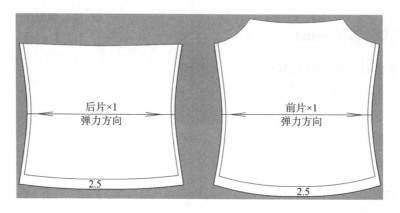

图 11 - 17

五、立体造型假缝与试衣

在样衣制作时拉捆条部位，作适当牵紧并保持弹力，吊带试穿后修正长度，调整方位（图 11 - 18）。

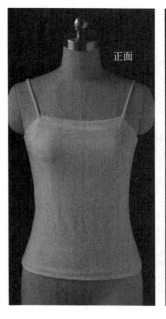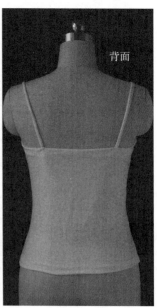

图 11 - 18

第三节　针织 T 恤衫

一、扁机领针织短袖 T 恤衫

（一）款式特征

针织面料,衣身构成:T 形轮廓,门襟单筒设计,衣领为扁机(即针织横机)织造,袖子为圆装一片袖,袖口装扁梭织造罗纹口(图 11 - 19)。

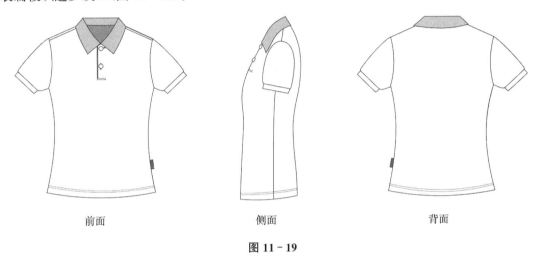

前面　　　　　　　　　侧面　　　　　　　　　背面

图 11 - 19

（二）规格设计（160/84A）（单位:cm）

后中衣长 L＝0.3G＋7＝0.3×160＋7＝55

胸围 B＝B*＋0＝84＋0＝84

肩宽 S＝0.25B＋15＝0.25×84＋15＝36

臀围 H＝H*－4＝90－4＝86

袖长 SL＝0.15G－6＝0.15×160－6＝18

领围 N＝36

（三）结构设计

设计要点(图 11 - 20):

(1) 前片下放 1cm,后袖窿弧长大于前袖窿弧长,总长度在 41cm 左右,衣领为横机领,不出纸样,依领窝长编织领长,略带吃势量 1cm 左右,领高依据设计定高织出加上领缝边即可。

(2) 袖山吃势量控制在 1cm 以内,取前后袖窿深平均值 3/4 左右为袖山高,参考基本款女衬衫袖画法绘制袖山弧线,袖肥控制在 30cm 左右(图 11 - 21)。

袖口为束罗纹设计,袖子结构和门筒结构如图 11 - 22 所示。

（四）纸样制作

围度方向为针织面料弹力方向,未注明部分缝份为 1cm,按技术规定作好刀眼和技术规范。针织面料服装尺寸不稳定,裁剪和缝制、整烫环节对尺寸都有不同的影响,通过样衣试制后对纸样进行尺寸修正,对于批量生产的服装,尤其要关注尺寸的变化,及时调整纸样(图 11 - 23)。

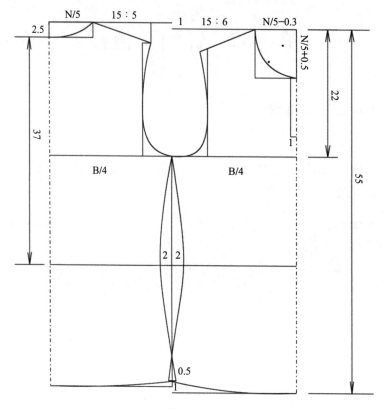

图 11 - 20

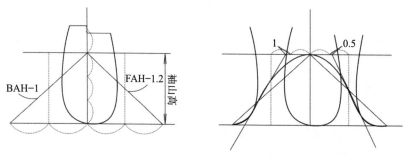

图 11 - 21

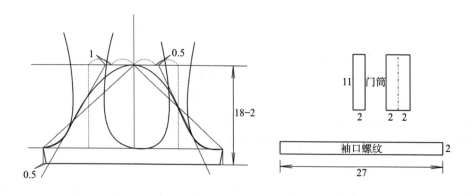

图 11 - 22

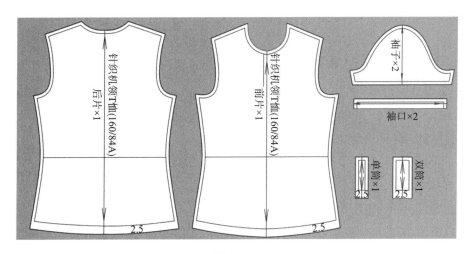

图 11 - 23

（五）立体造型

　　针织类服装立体造型重点关注面料弹性特征引起的规格尺寸偏差、本身尺寸差异、缝制要求,对领子、袖口罗纹的长短和袖窿与袖山的配伍要通过试缝后对纸样进行重新评价,领面平服,松紧适宜,不露装领线(图 11 - 24)。

正面　　　　侧面　　　　背面

图 11 - 24

二、一片式插肩袖圆领针织短袖 T 恤衫

（一）款式特征

衣身构成:T 形轮廓,套头圆领,袖子为插肩一片袖(图 11 - 25)。

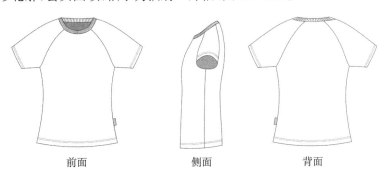

前面　　　　　　侧面　　　　　　背面

图 11 - 25

（二）规格设计（160/84A）（单位：cm）

后中衣长 L＝0.3G＋10＝0.3×160＋7＝58

胸围 B＝B*＋4＝84＋4＝88

基础肩宽 S＝0.25B＋16＝0.25×84＋16＝37

臀围 H＝H*＋0＝90＋0＝90

基础袖长 SL＝0.15G－5＝0.15×160－5＝19

基础领围 N＝36

（三）结构设计（图11－26）

（1）制图胸围：按 B/2 作图。

（2）前后横开领：考虑加装罗纹和套头的需要，在基础领窝基础上开大 2.5cm 或以上。

（3）袖窿：插肩袖袖窿深在圆装袖基础上开深 1 或 2cm，在圆装袖基础线上绘制插肩袖结构 FBL＝0.2B＋4＋1（插肩袖）＝23cm。

（4）插肩袖：后片冲肩量1.5～2cm，后背宽、前胸宽减少1cm，将肩线长度延长为袖中线，以后袖肥19cm＋0.5cm，作插肩袖装袖线，使装袖线与袖窿弧线等长，按后袖口14cm＋0.5cm，结合袖肥、装袖线完成插肩袖后片结构，参考后片结构参数完成前片插肩袖，确保前后片插肩袖袖底缝和袖长相等，对相关部位线条进行调整修正；拷贝前后片插肩袖片，以袖片中心线为基准进行拼合。

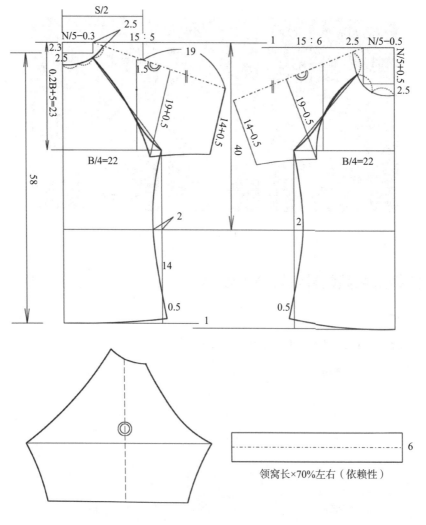

领窝长×70%左右（依赖性）

图11－26

（四）纸样制作

围度方向为针织面料弹力方向，未注明部分缝份为 1cm，针织服装成品尺寸与纸样尺寸差异较大，通过样衣试制对纸样进行尺寸修正，对于批量生产的服装，试制后测量并及时调整纸样（图 11-27）。

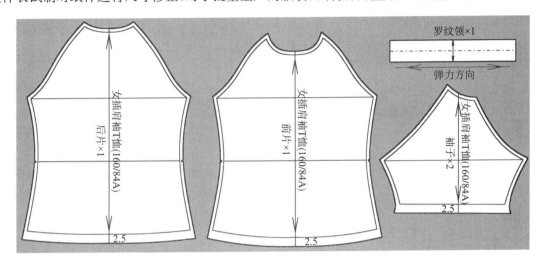

图 11-27

（五）立体造型

观察整体效果，检查规格尺寸偏差，领口罗纹和袖窿与袖山的配伍性要通过试缝并对纸样进行修正（图 11-28）。

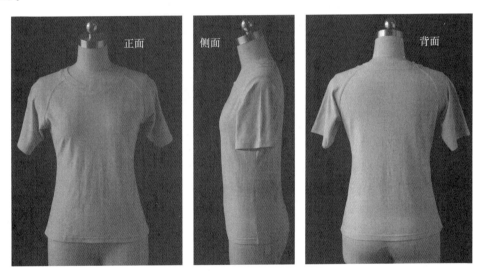

图 11-28

第四节 荡领背心

一、款式特征

弹力针织无袖荡领套头合体背心，领口、袖口针织拉包条，下脚冚车（图 11-29）。

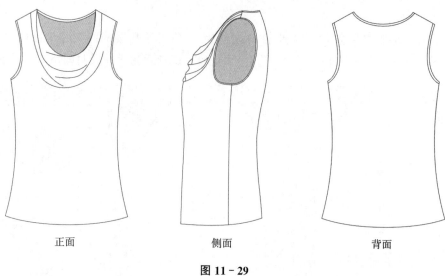

正面　　　　　　　　　　侧面　　　　　　　　　　背面

图 11-29

二、规格设计(单位:cm)

后中长 $L=0.3G+2=0.3×160+2=50$
$B=B^*-1=84-1=83$
$W=W^*+6=66+6=72$

三、结构设计

（1）利用有省针织服装原型,将胸省转入领口,并增加一定的造型量(图 11-30)。

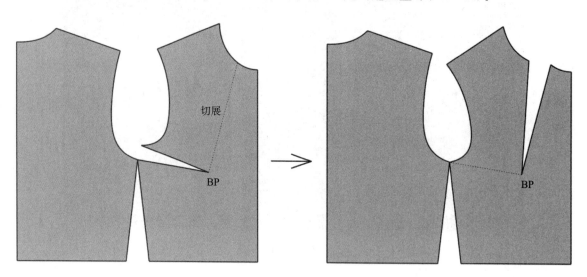

图 11-30

（2）制图胸围:按 $B/2-1.5cm$ 作图,其中 1.5cm 为荡领展开过程中胸围增加的量。

（3）前后横开领:款式设计需要前后横开领开大 * ,在此基础上前领口进行省道转移。

（4）袖窿:合体针织服装在胸围线基础上抬高 2cm。

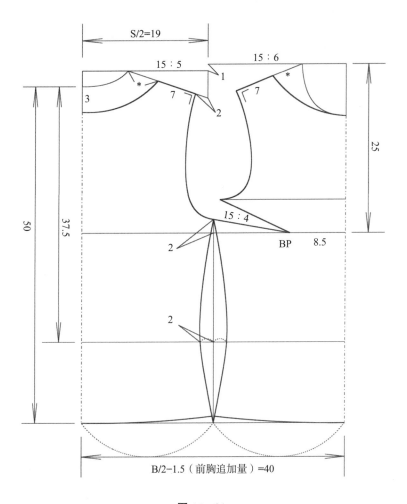

图 11 - 31

（5）荡领结构形成过程：将原型省转移至前领口，在前中心追加 1.5cm，下摆追加 2cm（图 11 - 32）。

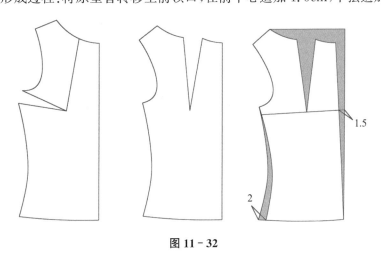

图 11 - 32

四、纸样制作

针织面料弹力方向为横向，袖窿、后领口针织拉筒，前领口对折贴边后适当多留缝份供立体造型用，除注明部分外，缝份为 1cm（图 11 - 33）。

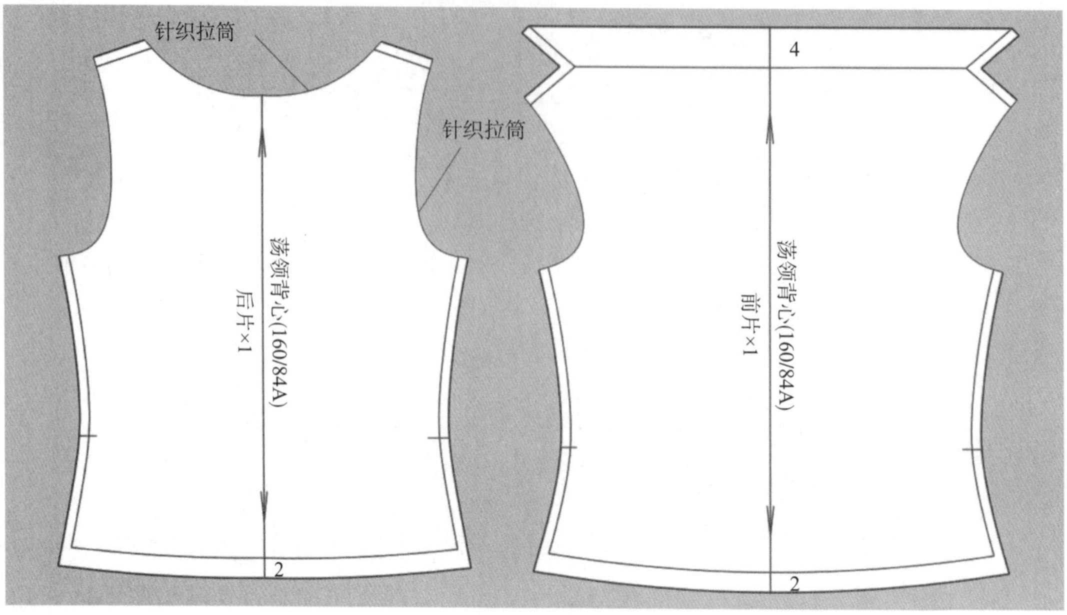

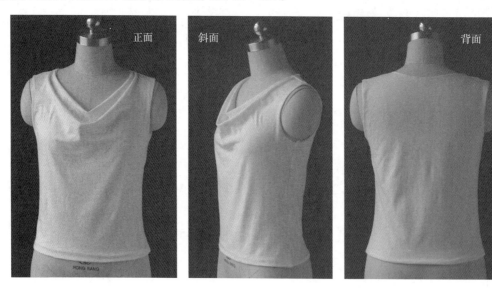

图 11-33

五、立体造型

重点整理前荡领造型，调整后修正纸样（图 11-34）。

图 11-34

第五节　针织打底裤

一、款式特征

高弹针织打底裤，简洁无侧缝设计（图 11-35）。

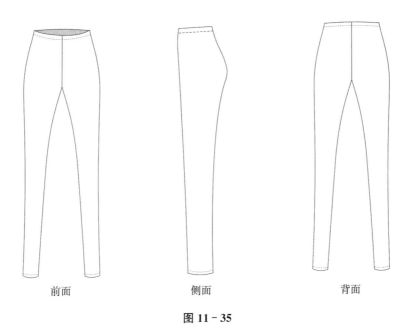

前面　　　　　　　　　侧面　　　　　　　　　背面

图 11 - 35

二、规格设计（单位：cm）

号型规格：160/66A

外侧长 $L=0.55G=0.55\times160=88$

$W=72$ 束橡皮筋至合体长度

$H=H^*-12=90-12=78$

膝围＝净膝围－3＝35－3＝32

全脚口 $SB=SB^*-0\sim2=20$

三、结构设计

（一）结构原理

将前后基本裤片在侧缝处合并，利用高弹力面料特征，消化侧缝省和腰省，并缩小围度方向尺寸（图 11 - 36）。

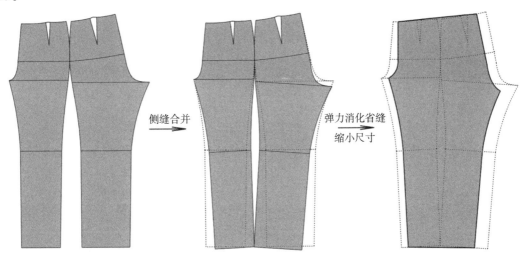

侧缝合并　　　　　　　　弹力消化省缝
　　　　　　　　　　　缩小尺寸

图 11 - 36

（二）结构图（图 11 - 37）

（1）按弹力裤臀围 H/2、人体裆深 26cm、外侧长 88cm，作出裤子构架。

（2）按弹力裤窿门总量 0.13H 计算，后窿门量为 0.1H，前窿门量为 0.03H，作出横裆尺寸。

（3）后裆缝倾斜度为 15：2，后中心起翘约 2cm，画顺后腰中心线，拼合检查是否圆顺。

（4）侧缝中心线在臀围处前偏 1cm，在脚口处前偏 1.5cm。

（5）确定中裆的造型。

（6）前后下裆缝等长，确定后窿门下落量，并调整窿门和下裆缝整体造型。

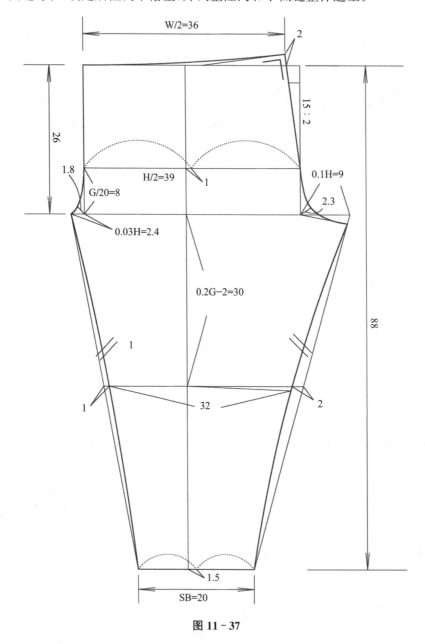

图 11 - 37

四、纸样制作

针织面料弹力方向为横向，腰口拉橡筋工艺缝头 3～4cm，脚口缉车工艺，除注明外，缝份均为 1cm（图11 - 38）。

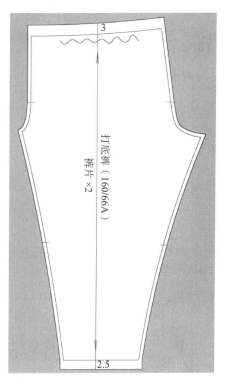

图 11-38

五、立体造型

高弹针织面料打底裤,重点观察各部位弹力分布情况和布纹方向,既要体现人体美,还要注重功能性和舒适度(图 11-39)。

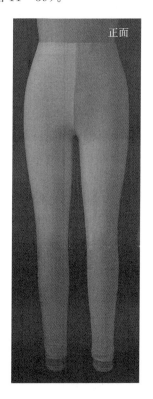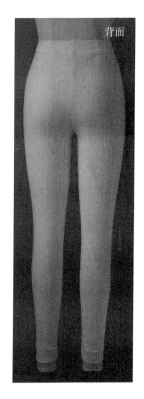

图 11-39

第六节　落肩袖宽松带帽卫衣

一、款式特征

宽松衣身,套头带帽,落肩袖(图 11 - 40)。

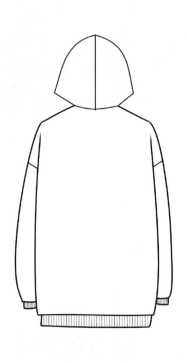

图 11 - 40

二、规格设计(单位:cm)

后中衣长 $L=0.4G+6=0.4×160+6=70$

胸围 $B=B*+40=84+40=124$

正肩袖肩宽$=40$　落肩袖肩宽 $S=60$

正肩袖长$=63$　落肩袖长 $SL=53.6$

三、结构设计

衣身平衡后后片肩斜取 $15:5.5$,前片肩斜取 $15:7$。

(1) 作正肩袖衣身结构:后胸围 $B/4+2=33cm$,前胸围 $B/4-2=29cm$,考虑套头的需要,在基础领窝上开大 $3.5cm$ 或以上,正肩袖袖窿深 $29cm$,按正肩袖窿作正肩袖结构(图 11 - 41)。

(2) 在正肩袖基础上按落肩宽 $60cm$ 作落肩袖,两片帽前领口叠门量 $1.5cm$,帽子下口线弧长与领口弧长相等,以袖片中心线为基准将前后袖进行拼合得一片落肩袖,并画顺袖山弧线(图 11 - 42)。

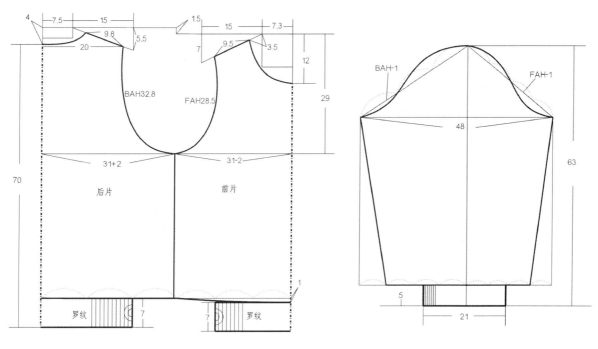

图 11 - 41

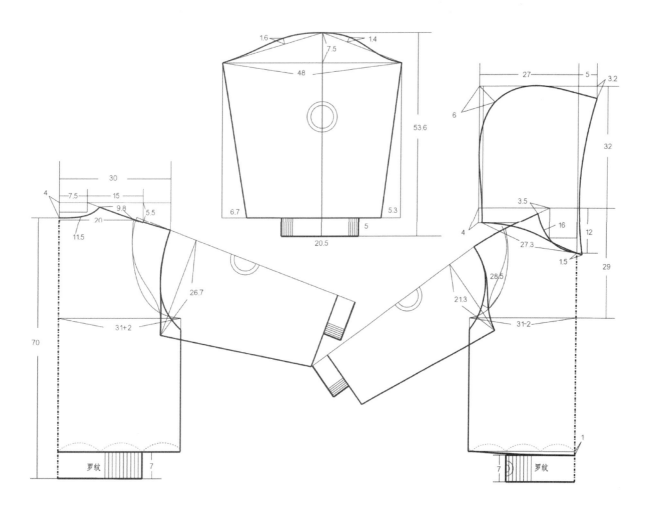

图 11 - 42

四、立体造型

成衣效果见图 11 - 43。

图 11 - 43

第十二章 服装版型调整

第一节 半身裙版型调整

一、直身裙腰围、臀围、摆围同步增加

当直身裙腰围、臀围、摆围同步增加时,从前后片中间拉开增加的量,将腰省按基本裙规律重新分布(图12-1)。

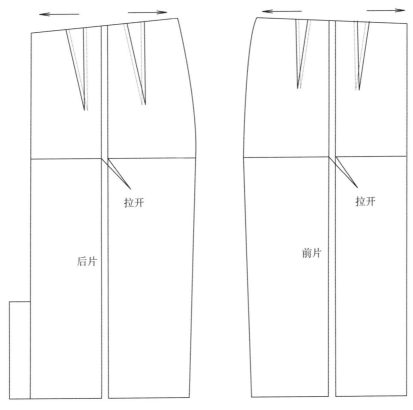

图 12 - 1

二、直身裙腰围不变,臀围、摆围同步增加

当直身裙腰围不变而臀围、摆围同步增加时,从省尖垂直向下作辅助线,从侧缝、省尖辅助线等分拉开相等的量,满足臀围、摆围的增大量,重新连接省底省尖,此时,腰围、省道大小未变,侧缝劈量有适当增加(图12-2)。

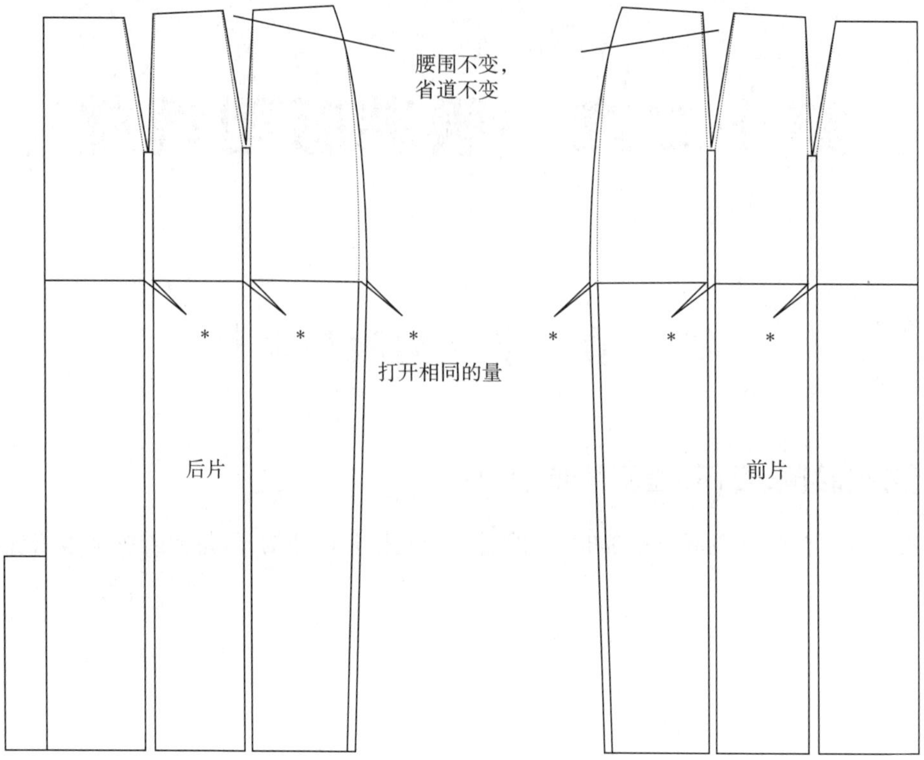

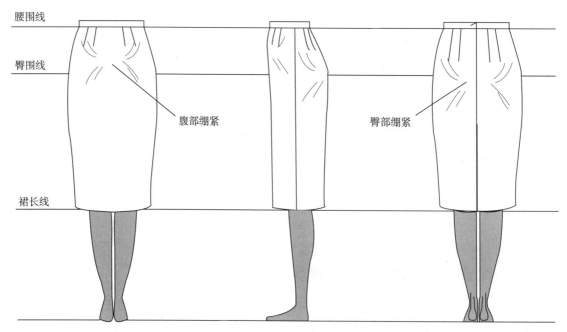

图 12 - 2

三、一步裙腹臀部绷紧

（一）着装观察分析

人体腹部臀部尺寸不足，绷紧有拉纹（图 12 - 3）。

图 12 - 3

（二）版型调整

在臀高线或腹高线上拉开横向和纵向尺寸，注意横向拉开的尺寸不增加腰围量，增加腰省量，前后片同理(图 12-4)。

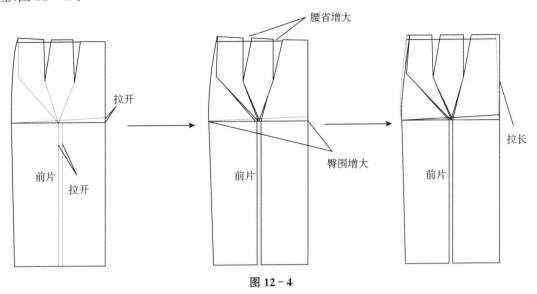

图 12-4

第二节 裤装版型调整

凸腹凸臀体

(一)着装观察分析

凸腹凸臀体,在前门襟和后臀凸处出现绷紧,周围有放射状皱褶(图 12-5)。

(二)版型调整

将前后臀围线在前后裆缝位置拉开一定的量,此时,前后上裆缝变长变斜(图 12-6)。

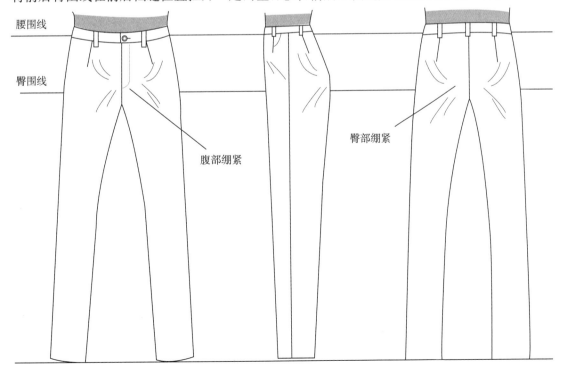

图 12-5

后上裆缝变长，变斜

前上裆缝变长，变斜

拉开

拉开

图 12 - 6

第三节　上装版型调整

一、前后衣片的缩放调整

当围度方向作小幅度调整时（一般小于 6cm，调整较多时建议另行起版），胸围、腰围、臀围同步放大（或缩小），肩宽、袖窿深作相应调整（图 12 - 7）。

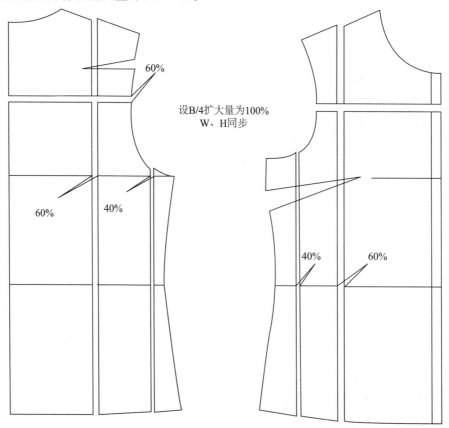

60%

设B/4扩大量为100%
W、H同步

60%　40%

40%　60%

图 12 - 7

二、后衣身下垂

(一) 着装观察分析

人体胸围线、腰围线、底摆线呈现后低前高现象,原因在于背长偏大(图12-8)。

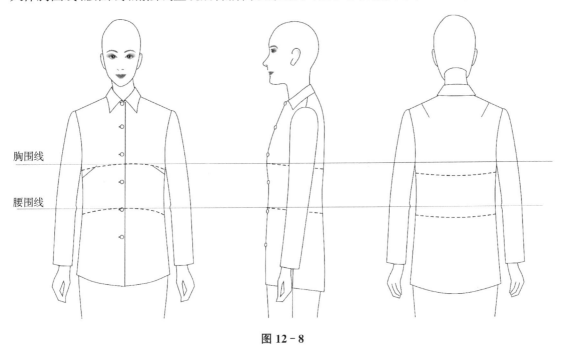

胸围线

腰围线

图 12-8

(二) 版型调整

拆开侧缝线和后袖窿,让后衣身自然下垂,剪去后衣片下摆多出部分＊,同时修正袖窿,在腰节处重新作刀眼,此时,后腰围线抬高,背长缩小,注意前腰节长度不变(图12-9)。

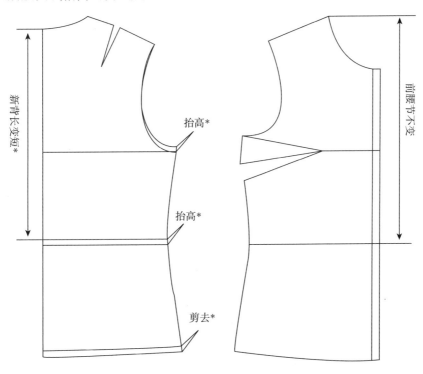

新背长变短＊

抬高＊

抬高＊

剪去＊

前腰节不变

图 12-9

三、前衣长起吊,胸部紧绷

(一) 着装观察分析

前衣长下摆处起吊,胸部有牵紧感,后衣身产生多余量,侧缝前偏。原因在于胸凸量偏大,背凸量偏小(图 12 - 10)。

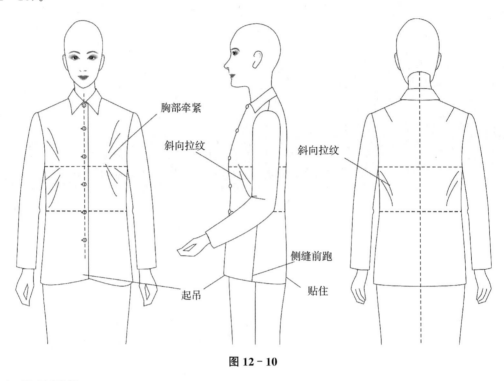

图 12 - 10

(二) 版型调整

后片折叠后在背宽处改小肩胛省,前片拉开前袖窿深,沿 BP 点上下方向拉开一定角度,以增加前胸宽、增大胸省,解除胸部绷紧感(图 12 - 11)。

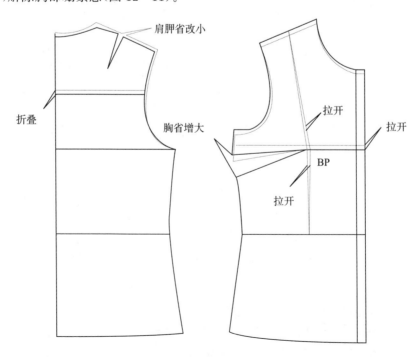

图 12 - 11

四、前门襟豁开

（一）着装观察分析

前中心线没有垂直向下，前下摆向两边豁开，侧缝往后偏，分析原因是胸省量不够，前门襟上段偏长，衣身不平衡（图 12 - 12）。

（二）版型调整

将门襟上段折叠部分转移至胸省，修正转移后的线条，从图 12 - 13 可以看出，改小前横开领，开深前直开领，加大省量，可解决前门襟豁开现象。

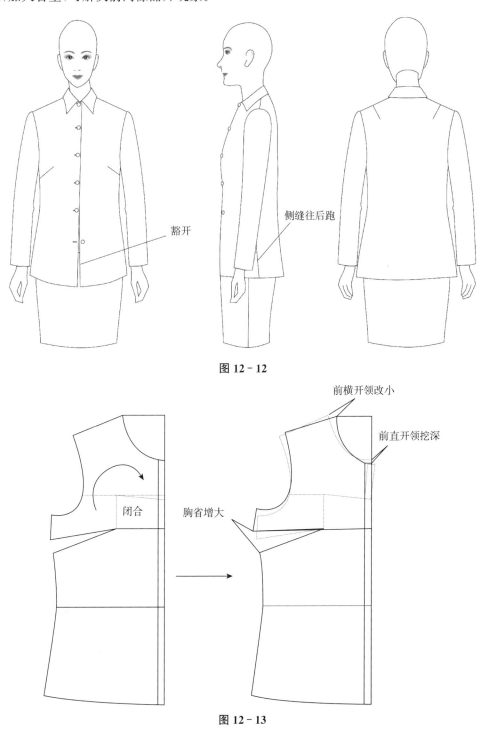

图 12 - 12

图 12 - 13